国家自然科学基金（42274182，41764005）资助

巷 道

激发极化法超前探测技术及正反演研究

吕玉增　韦柳椰　王洪华 ⊙ 著

Study on the Advanced Detection Technique
and Forward and Inversion of
Tunnel Induced Polarization Method

中南大学出版社
www.csupress.com.cn

·长沙·

内容简介 / Introduction

　　本书针对煤田、矿山、公路等巷道超前探水、隐伏陷落柱、构造裂隙等不良地质体探测的关键技术问题，应用有限元数值模拟技术实现了巷道三维复杂条件下激电观测的快速正演算法及程序。在三维正演基础上，分析计算了巷道本身、巷道干扰、旁侧异常体等对巷道顶底板激电探测的影响规律，并用理论模型数据检验改正效果。为合理避开掌子面旁侧的干扰，达到巷道迎头超前探测目的，讨论了巷道迎头电场聚焦探测的异常规律及适用性。为充分利用巷道侧方和迎头探测的客观差异，提出了巷道 U 形综合探测与解释技术。模型数据的解释结果表明，巷道 U 形探测数据的二维近似反演对巷道侧方能获得较好的结果，利用侧方结果约束能对迎头前方实现反演成像。

　　本书数据详实，内容丰富，可作为地球物理、勘查技术与工程等专业领域的科技人员、高等院校相关专业师生的参考资料。

作者简介

    吕玉增　男，1978 年 11 生，河北邢台人，教授，硕士研究生导师，桂林理工大学地球科学学院副院长，中国地球物理学会注册地球物理工程师。2004 年毕业于桂林理工大学(原桂林工学院)地球探测与信息技术专业，获硕士学位；2008 年在中南大学获地球探测与信息技术专业工学博士学位；2010—2012 年在中国矿业大学(北京)煤炭资源与安全开采国家重点实验室完成博士后研究；2014 年 6 月—2015 年 7 月，在美国杜克大学 Pratt 学院计算机与电子工程系访学。主要从事地球物理电(磁)法数值模拟与反演成像、地质雷达偏移成像、巷道超前探测等方面的研究。

目录 / Contents

第 1 章

引 言

　　随着我国经济快速发展，煤、金属矿等资源需求进一步加大，地铁、高铁、高速公路等基础建设突飞猛进。目前，我国大多数矿山已进入中、晚开采期，许多矿种已查明的资源储量和可供能力日趋下降，浅表矿区资源面临枯竭，资源勘探向立体、纵深方向发展，"探边摸底、外围拓展，大力推进深部和外围找矿"成为地质工作的新任务。

　　在矿产资源开采和城市地下工程施工中，都面临着巷道作业中诸如地下水、裂隙、构造破碎带和陷落柱等复杂工作环境和技术问题。巷道超前探测与解释技术成为研究的重点。

1.1　巷道超前探测的重要性

　　在煤田、矿山井巷开采、隧道掘进、露天采场开挖、城市及军事地下工程施工过程中，若工作面前方、巷道四周附近存在断层、溶洞、陷落柱等不良地质体时，如不提前探测，就可能导致"突水透水""矿山淹井""塌方"等灾难性事故。突(涌)水灾害是煤田巷道生产、施工中的主要地质灾害之一，在我国有关巷道的特大事故中，突(涌)水灾害在死亡人数和发生次数上均居于前列。如：2005 年 12 月 2 日，河南省新安县石寺镇寺沟煤矿发生透水事故，死亡 42 人；2007 年 1 月 17 日，内蒙古包头市东河区壕赖沟超越铁矿发生透水事故，死亡 29 人；2008 年 7 月 21 日，广西壮族自治区百色地区田东县右江矿务局那读矿发生透水事故，导致采面被淹，36 人死亡；2010 年 3 月 28 日，华晋焦煤公司王家岭矿发生透水事故，死亡 38 人；2011 年 10 月 11 日，黑龙江省鸡西市鸡东县金地煤矿发生透水事故，13 人死亡。可见，突(涌)水灾害已经成为制约和影响煤田巷道等的生产和建设的关键。因此，煤田、矿山等巷道的超前探水已经成为亟待研究和解决的重要科技难题。

　　因此，研究巷道超前探测方法和技术，以此进行准确的灾害预报，在煤田、矿山、隧道、地下工程建设等方面有着广阔的应用前景和深远的理论价值，这对于保护生命、财产安全具有十分重要的实际意义。

1.2 国内外研究现状与发展趋势

国内外对坑道、巷道超前预报的方法与技术的研究一直非常重视。目前，已研究出基于直流电阻率法、多频激电法、瞬变电磁法、无线电波透视法、地质雷达法、地震波反射法、瑞雷波法和红外测温法等超前预报方法及专用仪器。这些仪器和方法为探测和预报井下、巷道地质灾害做出了重大贡献。

直流电法由于原理比较简单、仪器轻便、现场工作容易等特点，在巷道超前探测中得到广泛应用。目前，用于巷道迎头超前探测的直流电阻率法主要是定点源三极法二维剖面观测，其观测方法是：将供电电极 A 布置在巷道工作面附近，另一电极 B 放至无穷远处，测量电极 MN 沿巷道逐点观测。探测巷道顶、底板及侧方时，则常采用偶极–偶极、温纳等排列的高密度电法。其原理是：当工作面前方存在充水溶洞、陷落柱、断层、金属矿体等低阻体时，低阻体会吸引电流，使观测的视电阻率引起异常；之后，再对异常进行分析和解释，以此反推探测目标区的地质情况。但是，直流电阻率法观测的是一次场，对异常的分辨率较低，且获取的数据仅为单一的视电阻率参数，故定量解释困难。与电阻率法相比，激发极化法可获得二次场信息，使异常的分辨能力提高，其观测的数据有视电阻率、视极化率（视频散率）等多个参数，增加了解释的可靠性。此外，现有巷道电法超前探测的数据解释基本沿用地面半空间或全空间的解释技术和软件，多是建立在周围无干扰体等理想状态下，但这些假定通常是不存在的，实际上巷道是典型三维结构，其周围不仅会有地质体的存在，而且其巷道内部也会有积水、轨道、支护、运输等种种人为干扰体存在。如果忽略这些影响，超前预报就会出现失误，而这种失误常常是致命的。所以在复杂的巷道环境，研究准确的激发极化法三维超前探测新方法、新技术非常重要。

要研究准确的激发极化法超前探测方法技术，必须建立在实际的三维巷道模型之上，用数值和物理模拟方法模拟各种不同的巷道形态、不同的巷道环境、不同电极观测方式的电场分布情况，研究即时正确的超前预报（反演）方法。巷道探测的特殊性和局限性，使得成熟的地面激电测深方法很难应用，主要表现为：一方面，巷道探测中电场的三维分布使得探测的方向性不明确，即使常规的探测方式发现了异常，也很难推断出异常体的具体方位；另一方面，传统激电测深是通过改变极距来实现的，而巷道工作面窄、极距较小，即使在迎头上采用聚焦探测等手段，超前探测的距离也仍然很短。本书正是着眼于研究这个问题。全书将以巷道全方位超前探测为研究对象，在巷道三维激电场有限元模拟基础上，对巷道观测系统等进行分析研究，探索基于巷道激电三维全方位观测方式的超前探测新方法。该方法首先在分析巷道环境基础上，建立基于以巷道为中心的三维全空间放射状四面体网格剖分、方程组压缩存储和快速求解等技术，实现巷道三维激发极化法有限元快速正演模拟；其次研究电场的分布规律，探究巷道三维观测模式与方法，以利于避开铁轨、支护等人为干扰，达到更佳的超前探测目的；最后通过最优化反演算法，实现观测数据的反演成像，形成一套包含巷道顶、底板、侧方和迎头的全方位激发极化法超前探测与解释系统。

目前，国内外直流激发极化法的三维数值模拟和反演已取得很大进展。在正演方面，Scriba(1981)、吴小平和徐果明等(1998)、刘正栋和关洪军等(2000)、Spitzer等(1995)用有限差分法；Hohmann等(1975)用积分方程、徐世浙和倪逸等(1992)用边界元法；Zhou和Rücker等(2001,2006)、阮百尧、熊彬和吕玉增等(2002,2006)用有限元法实现了三维计算。在反演方面，Li和Oldenburg(1994)用基于Born近似反演方法，Zhang、Mackie和吴小平等(1995,2005)基于共轭梯度法；底青云等(2001)给出雅可比系数矩阵的积分法；Sasaki、黄俊革等(1994,2004)基于有限元法实现了三维反演成像；屈有恒、柯敢攀等(2007,2008)实现了垂直有限线源三维电阻率反演；吕玉增、阮百尧、Zhdanov和Zhou等(2008—2012)对三维地-井、井-地和井间成像进行了研究，并实现了快速反演成像。在频率域激发极化法方面，Pelton(1978)、何继善(1995)、罗延钟(1998)、Carlos(2000)、肖占山、蔡军涛等(2007)建立了以Cole-Cole等效模型为基础的正演算法，并在石油测井、找矿等方面获得广泛应用。在巷道超前探测方面，李术才、刘斌和聂利超等(2011,2012)对煤田巷道激电超前探水进行了研究，实现了巷道迎头前方的电阻率成像，利用激电观测的半衰时差预测含水量，并成功应用。

总体来说，地面和井中传统观测方式下的激发极化正反演技术已基本成熟，但对于巷道这种特殊、复杂的三维地电环境，时间域、频率域激发极化法模拟方法尚需进一步研究。特别是对于煤田、矿山等巷道特殊的观测环境，超前探水、探陷落柱和构造裂隙等不良地质体已成为迫在眉睫的安全生产和关键技术问题，其三维超前探测方法和反演技术急需进一步研究。为此，本书拟采用有限元数值模拟和最优化反演技术，开展巷道激电三维全方位超前探测与正反演研究。

1.3 研究思路、技术路线

1.3.1 研究思路和方法

采用数值模拟、室内物理模拟与实验实测相结合方法，通过勘探地球物理学、地球电磁学、计算数学等多学科交叉，开展本研究。主要的研究方法有：

①有限元正演模拟。在数值模拟中，研究和开发针对巷道的四面体网格剖分三维激电有限元快速正演算法及软件。

②巷道三维全方位观测技术。采用巷道三维全方位观测技术，一方面是考虑巷道内的铁轨、支护等复杂环境，传统高密度电法等布极方式不够灵活，易受限制，无法合理避开干扰源。另一方面，巷道迎头工作面小，必须利用巷道顶、底板、侧帮以加大其超前探测距离。全方位观测也不是指随意观测，是基于巷道探测异常特征分析的合理、高效三维观测方式。

③最优化反演成像。对巷道顶、底板和侧方勘测数据的反演，将在实际定制的巷道激电三维有限元正演基础上，系统分析电场随观测方式、巷道大小、工作参数的变化规律，建立函数关系，并参照地面激电数据成熟的最小二乘最优化反演技术，研究快速反演方法和程序。巷道迎头超前勘测将充分利用侧帮、顶、底板的延伸空间，加大电极距以获得更多的超前探测信息，数据解释将以巷道顶、底板、侧方已有的结果作为已知先验信息，进行约束反演成像。

最后通过数值模型、物理模拟和巷道实测等手段，检验并改进方法的准确性和可靠性。

1.3.2　技术路线

研究的技术路线如下：

①巷道激电的正演方法。巷道激电的三维有限元正演计算将分两步进行：第一步，完成直流电阻率的三维有限元正演算法；第二步，利用 Seigel 的体极化等效电阻率法理论 $[\rho^* = \rho/(1-\eta)]$，实现巷道时间域激电的三维有限元正演。

为适应巷道激电的特殊测量，将采用与地面三维有限元计算网格完全不同的剖分方式。将研究采用以巷道为中心的放射状四面体网格单元，这种剖分方法既可模拟巷道及其附近小的不均匀体的影响，又能减少因离巷道越远，网格单元越大而使计算区域内网格单元不会过多的正演计算量。四面体网格可以模拟任意复杂的异常地电体，单元内的电阻率和极化率等参数可随意给定。

正演数值模拟将采用异常电位法计算来提高计算精度，一方面可避免供电点电场奇异性，另一方面在供电点位置岩石电性变化不大的情况下，可采用变网格单元剖分，这对巷道测量方式的网格剖分相当重要。正演形成的超大型方程系数矩阵存储将采用 MSR(modified sparse row) 非零元素压缩存储技术，方程组求解将采用 SSORPCG (symmetric successive over relaxation preconditioned conjugate gradient) 迭代法求解，以实现快速正演。

②巷道激电的超前探测系统。在巷道激电三维有限元正演程序基础上，分析巷道不同位置点电源供电的巷道电场分布规律以及电场随异常体位置变化的特征

规律,计算巷道支护等人为干扰体对电场的影响特征,确定巷道顶、底板、侧方及迎头上电极布设原则,建立合理、高效的巷道三维激电超前探测系统。

③巷道激电数据的反演方法。巷道激电数据的三维反演将分两步进行,首先进行电阻率反演,在得到模型电阻率后,再进行极化率(频散率)反演。由于巷道激电的观测空间小,观测的数据信息量也少,而要计算的巷道外围区域网格单元的电性数(模型参数)较多,因此巷道激电的三维反演属欠定问题。为解决欠定问题,并达到精确自动反演的效果,将采用先验和约束条件下的最优化反演方法。

使用双网格系统:用大网格进行反演,减少需要反演电性的网格单元数;同时为了保证正演计算精度,用小网格进行正演。反演时网格剖分,一方面要考虑正演计算的精度,另一方面要注意模拟背景模型。

利用已知信息作为先验信息:巷道周围的地质情况是已知的,包括钻探等已知信息都将作为巷道激电反演时的背景模型。

利用约束条件,将巷道激电电阻率反演问题的目标函数表示为:

$$\varphi_\rho = \| W_d [D - F(M)] \| + \lambda_1 \| M - M_{b1} \| + \lambda_2 \| M - M_{b2} \| + \lambda_3 \| CM \|$$

式中:W_d 为数据的拟方差矩阵;D 为数据向量(取实测的视电阻率对数);$F(M)$ 为由模型 M 向量(取模型单元的电阻率对数)正演计算得到的数据向量;M_{b1} 为已知的背景模型向量;M_{b2} 为由其他方法得到的背景模型向量(如巷道迎头数据反演时,巷道顶底板和侧帮反演结果当作是背景);C 为光滑度矩阵,λ_1、λ_2 和 λ_3 为 Lagrange 乘数。

巷道激电极化率(频散率)反演问题的目标函数可表示为:

$$\varphi_\eta = \| W_d (\eta_s - A\eta) \| + \lambda_1 \| \eta - \eta_{b1} \| + \lambda_2 \| \eta - \eta_{b2} \| + \lambda_3 \| C\eta \|$$

式中:η_s 为实测的视极化率(视频散率)向量;η 为极化率模型向量(模型单元的极化率或频散率);η_{b1} 为已知的背景模型向量;η_{b2} 为由其他方法得到的背景模型向量;A 为偏导数矩阵。在线性化反演过程中,通过利用求电位向量 U 的线性方程组 $KU = S$ 和求电位偏导数向量 U' 的线性方程组 $KU' = -K'U$ 之间的关系,引入互换定律并近似求解偏导数矩阵,提高反演速度。

1.4　研究内容和主要成果

1.4.1　巷道激发极化法三维快速正演研究

本书以三维点源场为研究对象,首先从电场满足的微分方程、边值问题、变分方法出发,研究巷道激电有限元正演算法。针对煤田、矿山巷道工作环境,研究基于以巷道为中心的三维放射状全空间四面体网格剖分技术。该技术研究的巷道激电工作空间小,而需要探测的外围空间很大的问题,因此急需研究一种优化的有限元网格剖分方法，既解决计算区域大、巷道附近网格单元小的问题，又能使网格单元数量尽可能少。针对形成的超大型稀疏方程组，研究 MSR 存储和 SSORPCG 快速求解技术，实现复杂条件下巷道三维时间域激发极化法有限元快速正演算法，为接下来的巷道超前探测数据快速反演成像奠定基础。

1.4.2 巷道三维全方位超前探测系统研究

针对巷道三维探测方向性差、探测解释困难等实际问题，较系统地分析与计算巷道激电观测的电场分布规律，分析不同异常体位置、不同布极方式下的电场分布特征，探究巷道顶、底板、侧方和迎头三维全方位超前探测最佳观测模式与方法，以合理避开或减小巷道中的铁轨等人为干扰，形成巷道顶、底板、侧方和迎头激发极化法三维超前探测新技术。

1.4.3 巷道顶、底板、侧方和迎头激电超前探测数据的最优化反演研究

利用巷道顶、底板、侧方和迎头联合探测技术，研究基于多信息约束的巷道时间域、频率域激电观测视电阻率、视极化率数据最小二乘最优化反演算法。对巷道顶、底板和侧方勘测，能实现观测数据的快速自动反演成像。对巷道迎头探测，能实现约束反演。

第 2 章

巷道复杂条件下激发极化法有限元正演

　　煤田巷道环境特殊、复杂,是典型的三维复杂地电模型。如何在复杂、有限的煤田巷道中获取特定区域的地电信息并指导生产,一直是煤田安全生产的难题之一。正演是反演的基础和前提,要实现巷道 IP 的反演解释,必须建立快速、高效、正确可靠的正演算法。对于复杂巷道的观测而言,电场没有解析表达式,需要借助数值计算方法。为此,本章首先从电场满足的微分方程出发,给出电场满足三维边值问题和变分方程。其次,分析和讨论巷道复杂条件下的三维网格剖分方法,使剖分网格既符合电场的分布规律,又能减小正演计算量并提高计算精度。之后,还详细分析了三维有限元正演系数矩阵非零元素结构,用 MSR (modified sparse row)压缩存储非零元素,大大减少了正演计算的内存消耗,并把 SSOR-PCG 迭代法应用到巷道 IP 的三维正演求解中,大大提高了正演计算效率,为巷道 IP 超前探测数据的快速反演解释奠定基础。

2.1　时间域激发极化法计算

　　按照 Seigel(1959)理论,体极化电场的时间域极化率计算可以通过等效电阻率法实现,体极化效应等效于电阻率的增大,即极限等效电阻率 ρ^* 与真电阻率 ρ 之间的关系如下:

$$\rho^* = \rho/(1-\eta) \tag{2-1}$$

视极化率的计算公式为

$$\eta_s = (\Delta U_Z - \Delta U_1)/\Delta U_Z \cdot 100\% = \Delta U_2/\Delta U_Z \cdot 100\% \tag{2-2}$$

式中: ΔU_Z 为观测总电位差; ΔU_1 为无激电效应的一次电位差; ΔU_2 为二次电位差。因此,根据式(2-1)和式(2-2),视极化率 η_s 的计算可以通过对模型电阻率 ρ^* 和 ρ 的两次正演计算而得到,时间域激发极化法的三维正演问题转化为电阻率法三维正演问题。

2.2 巷道三维点源场基本原理

在稳定电流场中，若电流密度j、电场强度E、电位u和介质的电导率σ存在如下的关系：

$$j = \sigma E \quad 和 \quad E = -\nabla u$$

因而

$$j = -\sigma \nabla u \tag{2-3}$$

若在地面或地下A点(x_A, y_A, z_A)存在电流强度为I的点电源，电流密度为j，在空间作任意闭合面Γ_s，Ω是Γ所围的区域，如图2-1所示，根据高斯通量定律，流过闭合面Γ的电流总量可以表示如下：

$$\oint_\Gamma j \cdot \mathrm{d}\Gamma = \begin{cases} 0 & A \notin \Omega \\ I & A \in \Omega \end{cases} \tag{2-4}$$

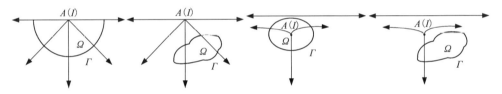

图 2-1 点源电场示意图

根据高斯定理，式(2-4)中矢量的面积分可转换成矢量的散度积分：

$$\oint_\Gamma j \cdot \mathrm{d}\Gamma = \int_\Omega \nabla \cdot j \mathrm{d}\Omega = \begin{cases} 0 & A \notin \Omega \\ I & A \in \Omega \end{cases} \tag{2-5}$$

用$\delta(A)$表示以A为中心的狄拉克函数，根据δ函数的积分性质，有

$$\int_\Omega \delta(A) \mathrm{d}\Omega = \begin{cases} 0 & A \notin \Omega \\ \dfrac{\omega_A}{4\pi} & A \in \Omega \end{cases} \tag{2-6}$$

式中：ω_A是A点对地下区域Ω张的立体角，若充电点在地下，则$\omega_A = 4\pi$；若均匀半空间在地面充电，则$\omega_A = 2\pi$，比较式(2-5)与式(2-6)，可得

$$\nabla \cdot j = \frac{4\pi}{\omega_A} I \delta(A) \tag{2-7}$$

将式(2-3)代入式(2-7)中，得电位满足的微分方程：

$$\nabla \cdot (\sigma \nabla u) = -\frac{4\pi}{\omega_A} I \delta(A) \tag{2-8}$$

式(2-8)便是三维构造中点电源电场的电位所应满足的微分方程。

2.3　三维有限元网格剖分

煤田巷道是复杂的三维模型，巷道中的电场模拟也必须建立在三维网格剖分基础上。分析煤田巷道三维环境特征，依据电性差异可大致分为巷道、煤层、围岩、电性异常体(水体、陷落柱、裂隙等)和人为器械(支护、采掘设备等)。下面将分析煤田巷道的三维网格剖分。

2.3.1　直角坐标系下的网格剖分

由于煤田巷道电法探测多是在巷道内进行的，因此，巷道本身及附近区域对观测的影响大，这也是研究的重点区域。因此，网格的剖分围绕巷道来进行。

类似于地面电法的剖分方法，把巷道走向定为坐标 x 方向，把地面 x-y 平面的剖分方法旋转到 y-z 平面上，即可完成对巷道的剖分(图 2-2)。这样的网格剖分方法的优点是利于建立三维模型，适合于正演计算和分析研究；但缺点也是显而易见的，因为要在三个方向上做全区的剖分，剖分的网格总数量比地面三维方法要大得多，会带来计算量、计算速度等一系列问题。

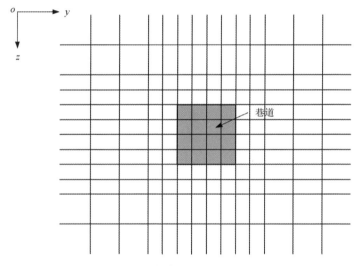

图 2-2　巷道网格剖分示意图

2.3.2　放射状的网格剖分

为了减少网格剖分数量，自然会想到采用柱坐标系，同样以巷道中心为坐标原点，把巷道及其外围区域先进行放射状剖分，再根据需要对每个扇形区域再进行二次剖分(图2-3)。这样的放射状剖分可以大大节省剖分的网格数,但不便于规则的模型构建,同时,由于每个单元大小不一,差异大,也会带来有限元计算上的误差,因此,这种剖分方式适合于巷道的数据反演。

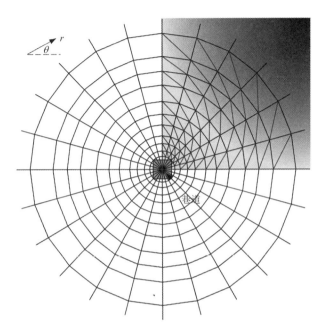

图2-3　柱坐标系下的放射状网格剖分

柱坐标和直角坐标系之间存在如下简单关系:$y = r\cos\theta$, $z = r\sin\theta$, $x = z$;如图2-4所示,我们可以把 y-z 平面投影到 r-θ 平面上,完成网格剖分和单元编号,然后,利用坐标之间的简单关系再返回 y-z 平面,完成放射状测线的网格剖分。

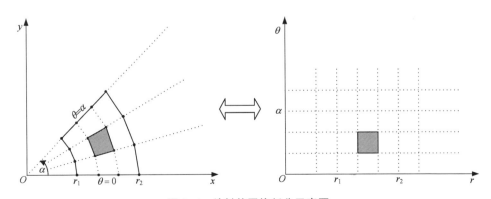

图2-4　放射状网格剖分示意图

2.3.3　四面体单元剖分

对于上述两种网格剖分方式，三维网格剖分可以用 $x-y-z$ 或 $r-\theta-z$ 上的六面体单元剖分实现。为了更好地模拟复杂不规则异常体，在六面体剖分基础上，二次剖分成四面体，一个六面体单元剖分成五个四面体。通常采用相邻单元的网格剖分方向相互交叉的方式(图 2-5)，以改善由单元剖分的方向性引起的计算误差，提高计算精度和可靠性。

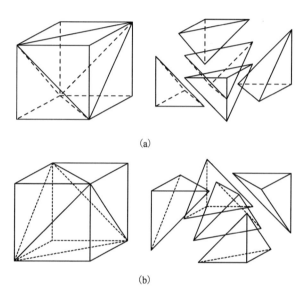

(a)

(b)

图 2-5　四面体剖分示意图

2.4　巷道三维点源场有限单元法正演计算

2.4.1　边值和变分问题

在电阻率各向同性的介质中，当电源 A 供电，并把供电点 A 作为坐标原点时，电场的电位 $V(x, y, z)$ 由两部分组成，一部分是由均匀介质(电导率为 σ_0)引起的一次场电位 $u_0(x, y, z)$，另一部分是由异常电导率($\sigma'_a = \sigma - \sigma_0$)引起的二次场电位 $u(x, y, z)$，即

$$V(x, y, z) = u_0(x, y, z) + u(x, y, z) \tag{2-9}$$

将式(2-9)代入式(2-8)得

$$\nabla \cdot (\sigma \nabla V) = \nabla \cdot [\sigma \nabla (u + u_0)] = \nabla \cdot [\sigma \nabla u + \sigma' \nabla u_0 + \sigma_0 \nabla u_0]$$

$$= -\frac{4\pi}{\omega_A} I \delta(A) \qquad (2-10)$$

令

$$\nabla \cdot (\sigma_0 \nabla u_0) = -\frac{4\pi}{\omega_A} I \delta(A) \qquad (2-11)$$

则

$$\nabla \cdot (\sigma \nabla u) = \nabla \cdot (\sigma' \nabla u_0) \qquad (2-12)$$

式(2-11)是正常电位的微分方程,对于巷道供电-观测而言,正常电位 u_0 即为全空间的电位

$$u_0 = \frac{I}{4\pi r \sigma_0}$$

式中: r 是测点至电源点的距离。

点电源场除了满足上述方程外,还应满足以下条件:

在地面 Γ_s 上,电位的法向导数为 0,即

$$\begin{cases} \dfrac{\partial V}{\partial n} = 0 & \in \Gamma_s \\[2mm] \dfrac{\partial V}{\partial n} + \dfrac{\cos(r, n)}{r} V = 0 & \in \Gamma_\infty \end{cases} \qquad (2-13)$$

根据异常电位的定义,容易得出异常电位 u_a 的边界条件

$$\begin{cases} \dfrac{\partial u}{\partial n} = 0 & \in \Gamma_s \\[2mm] \dfrac{\partial u}{\partial n} + \dfrac{\cos(r, n)}{r} u = 0 & \in \Gamma_\infty \end{cases} \qquad (2-14)$$

因此,点电源中异常电位满足的方程可归结如下:

$$\begin{cases} \nabla \cdot (\sigma \nabla u) = -\nabla \cdot (\sigma' \nabla u_0) & \in \Omega \\ \partial u / \partial n = 0 & \in \Gamma_s \\ \partial u / \partial n + u \cdot \cos(r, n) / r = 0 & \in \Gamma_\infty \end{cases} \qquad (2-15)$$

式中: Γ_s 为区域 Ω 的地面边界; Γ_∞ 为区域 Ω 的地下边界; n 为边界的外法向方向; σ 为介质的电导率; ω_A 是 A 点对地下区域 Ω 张的立体角; u_0 是正常电位; u 为异常电位; $\sigma' = \sigma - \sigma_0$ 为异常电导率。

与式(2-15)等价的变分问题为:

$$\begin{cases} F(u) = \int_{\Omega} \left[1/2\sigma(\nabla u)^2 - \sigma' \nabla u_0 \cdot \nabla u \right] \mathrm{d}\Omega + \\ \qquad \int_{\Gamma_{\infty}} \left[\frac{1}{2}\sigma \cdot \cos(r, n) \cdot u^2/r + \sigma' \cdot \cos(r, n) \cdot u_0 u/r \right] \mathrm{d}\Gamma \\ \delta F(u) = 0 \end{cases} \quad (2\text{-}16)$$

2.4.2 插值

将方程式(2-16)中对区域 Ω 和边界 Γ_{∞} 的积分分解为对各四面体单元 e 和 Γ_e 的积分之和。设四面体单元 e 的四个角点编号为 1、2、3、4，如图 2-6 所示，u_i ($i=1, 2, 3, 4$)是单元中 4 个节点的电位值，则四面体单元 e 内任一点 $p(x, y, z)$ 电位可用这 4 个角点的电位进行线性插值近似得到：

$$u = N_1 u_1 + N_2 u_2 + N_3 u_3 + N_4 u_4 = \sum_{i=1}^{4} N_i u_i \quad (2\text{-}17)$$

式中：N_i 是形函数，它是 x, y, z 的线性函数：

$$N_i = a_i x + b_i y + c_i z + d_i = \frac{V_i}{V} \quad (2\text{-}18)$$

这里，V 是四面体单元体积，V_i 是插值点 $p(x, y, z)$ 与四面体其他 3 个角点 ($j=1, 2, 3, 4, j \neq i$)所组成的四面体体积(图 2-6)，a_i、b_i、c_i、d_i ($i=1, 2, 3, 4$)是与四面体单元顶点坐标有关的常数。下面以 $V_{p234}(V_1)$ 为例，推导各系数的显性表达式：

$$V = \frac{1}{6} \begin{vmatrix} x_1 & y_1 & z_1 & 1 \\ x_2 & y_2 & z_2 & 1 \\ x_3 & y_3 & z_3 & 1 \\ x_4 & y_4 & z_4 & 1 \end{vmatrix}, \quad V_{p234} = V_1 = \frac{1}{6} \begin{vmatrix} x & y & z & 1 \\ x_2 & y_2 & z_2 & 1 \\ x_3 & y_3 & z_3 & 1 \\ x_4 & y_4 & z_4 & 1 \end{vmatrix}$$

$$a_1 = \begin{vmatrix} y_2 & z_2 & 1 \\ y_3 & z_3 & 1 \\ y_4 & z_4 & 1 \end{vmatrix}, \quad b_1 = - \begin{vmatrix} x_2 & z_2 & 1 \\ x_3 & z_3 & 1 \\ x_4 & z_4 & 1 \end{vmatrix}, \quad c_1 = \begin{vmatrix} x_2 & y_2 & 1 \\ x_3 & y_3 & 1 \\ x_4 & y_4 & 1 \end{vmatrix}, \quad d_1 = - \begin{vmatrix} x_2 & y_2 & z_2 \\ x_3 & y_3 & z_3 \\ x_4 & y_4 & z_4 \end{vmatrix}$$

同理，很容易得出：

$$a_2 = - \begin{vmatrix} y_1 & z_1 & 1 \\ y_3 & z_3 & 1 \\ y_4 & z_4 & 1 \end{vmatrix}, \quad b_2 = \begin{vmatrix} x_1 & z_1 & 1 \\ x_3 & z_3 & 1 \\ x_4 & z_4 & 1 \end{vmatrix}, \quad c_2 = - \begin{vmatrix} x_1 & y_1 & 1 \\ x_3 & y_3 & 1 \\ x_4 & y_4 & 1 \end{vmatrix}, \quad d_2 = \begin{vmatrix} x_1 & y_1 & z_1 \\ x_3 & y_3 & z_3 \\ x_4 & y_4 & z_4 \end{vmatrix}$$

$$a_3 = \begin{vmatrix} y_1 & z_1 & 1 \\ y_2 & z_2 & 1 \\ y_4 & z_4 & 1 \end{vmatrix}, \quad b_3 = - \begin{vmatrix} x_1 & z_1 & 1 \\ x_2 & z_2 & 1 \\ x_4 & z_4 & 1 \end{vmatrix}, \quad c_3 = \begin{vmatrix} x_1 & y_1 & 1 \\ x_2 & y_2 & 1 \\ x_4 & y_4 & 1 \end{vmatrix}, \quad d_3 = - \begin{vmatrix} x_1 & y_1 & z_1 \\ x_2 & y_2 & z_2 \\ x_4 & y_4 & z_4 \end{vmatrix}$$

$$a_4 = - \begin{vmatrix} y_1 & z_1 & 1 \\ y_2 & z_2 & 1 \\ y_3 & z_3 & 1 \end{vmatrix}, \ b_4 = \begin{vmatrix} x_1 & z_1 & 1 \\ x_2 & z_2 & 1 \\ x_3 & z_3 & 1 \end{vmatrix}, \ c_4 = - \begin{vmatrix} x_1 & y_1 & 1 \\ x_2 & y_2 & 1 \\ x_3 & y_3 & 1 \end{vmatrix}, \ d_4 = \begin{vmatrix} x_1 & y_1 & z_1 \\ x_2 & y_2 & z_2 \\ x_3 & y_3 & z_3 \end{vmatrix}$$

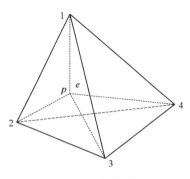

图 2-6 四面体单元

2.4.3 单元分析

式(2-16)对区域 Ω 的第一项单元积分

$$\int_e \frac{1}{2}\sigma(\nabla u)^2 \mathrm{d}\Omega = \int_e \frac{1}{2}\sigma\left[\left(\frac{\partial u}{\partial x}\right)^2 + \left(\frac{\partial u}{\partial y}\right)^2 + \left(\frac{\partial u}{\partial z}\right)^2\right]\mathrm{d}x\mathrm{d}y\mathrm{d}z$$

$$= \frac{1}{2}\sigma\int_e\left[\left(\frac{\partial u}{\partial x}\right)^2 + \left(\frac{\partial u}{\partial y}\right)^2 + \left(\frac{\partial u}{\partial z}\right)^2\right]\mathrm{d}x\mathrm{d}y\mathrm{d}z$$

$$= \frac{1}{2}\boldsymbol{u}_e^\mathrm{T}\boldsymbol{K}_{1e}\boldsymbol{u}_e \qquad (2\text{-}19)$$

式中：$\boldsymbol{K}_{1e} = (k_{1ij})$，$k_{1ij} = k_{1ji}$，$\boldsymbol{u}_e = (u_i)^\mathrm{T}$，$i, j = 1, 2, 3, 4$。

将式(2-17)、式(2-18)代入式(2-19)，得出

$$k_{1ij} = \sigma\int_e\left[\left(\frac{\partial \boldsymbol{N}}{\partial x}\right)\left(\frac{\partial \boldsymbol{N}}{\partial x}\right)^\mathrm{T} + \left(\frac{\partial \boldsymbol{N}}{\partial y}\right)\left(\frac{\partial \boldsymbol{N}}{\partial y}\right)^\mathrm{T} + \left(\frac{\partial \boldsymbol{N}}{\partial z}\right)\left(\frac{\partial \boldsymbol{N}}{\partial z}\right)^\mathrm{T}\right]\mathrm{d}x\mathrm{d}y\mathrm{d}z$$

$$= \frac{\sigma}{36V}(a_i a_j + b_i b_j + c_i c_j) \qquad (2\text{-}20)$$

式(2-16)对区域 Ω 的第二项积分

$$\int_e \sigma'\nabla u_0 \cdot \nabla u\mathrm{d}\Omega = \int_e \sigma'\left[\left(\frac{\partial u_0}{\partial x}\right)\left(\frac{\partial u}{\partial x}\right) + \left(\frac{\partial u_0}{\partial y}\right)\left(\frac{\partial u}{\partial y}\right) + \left(\frac{\partial u_0}{\partial z}\right)\left(\frac{\partial u}{\partial z}\right)\right]\mathrm{d}x\mathrm{d}y\mathrm{d}z$$

$$= \boldsymbol{u}_e^\mathrm{T}\boldsymbol{K}'_{1e}\boldsymbol{u}_{0e} \qquad (2\text{-}21)$$

式中：$\boldsymbol{K}'_{1e} = (k'_{1ij})$，$k'_{1ij} = k'_{1ji}$，$\boldsymbol{u}_{0e} = (u_{0i})^\mathrm{T}$，$i, j = 1, 2, 3, 4$。

$$k'_{1ij} = \sigma' \int_e \left[\left(\frac{\partial \boldsymbol{N}}{\partial x} \right) \left(\frac{\partial \boldsymbol{N}}{\partial x} \right)^{\mathrm{T}} + \left(\frac{\partial \boldsymbol{N}}{\partial y} \right) \left(\frac{\partial \boldsymbol{N}}{\partial y} \right)^{\mathrm{T}} + \left(\frac{\partial \boldsymbol{N}}{\partial z} \right) \left(\frac{\partial \boldsymbol{N}}{\partial z} \right)^{\mathrm{T}} \right] \mathrm{d}x\mathrm{d}y\mathrm{d}z$$

$$= \frac{\sigma'}{36V}(a_i a_j + b_i b_j + c_i c_j) \tag{2-22}$$

2.4.4　边界积分

$$\begin{cases} F(u) = \int_{\Omega} \left[1/2\sigma \, (\nabla u)^2 - \sigma' \nabla u_0 \cdot \nabla u \right] \mathrm{d}\Omega + \\[2mm] \quad \int_{\varGamma_{\infty}} \left[\frac{1}{2}\sigma \cdot \cos(r, \, n) \cdot u_0^2 / r + \sigma' \cdot \cos(r, \, n) \cdot u_0 u / r \right] \mathrm{d}\varGamma \\[2mm] \delta F(u) = 0 \end{cases}$$

此式[即式(2-16)]的最后两项是对 $\varGamma_{\infty}$ 的边界积分,若单元 e 的一个面 $\overline{123}$ 落在无穷远边界上,由于无穷远边界离点源较远,可将

$$D = \cos(r, \, n)/r \tag{2-23}$$

看作常数,提至积分号之外,所以式(2-16)第三项的边界积分为

$$1/2 \int_{\varGamma_{\infty}} \sigma \cdot \cos(r, \, n) \cdot u^2 / r \mathrm{d}\varGamma = \frac{D \cdot \sigma}{2} \int_{\varGamma_{\infty}} u^2 \mathrm{d}\varGamma = \frac{1}{2} \boldsymbol{u}_e^{\mathrm{T}} \boldsymbol{K}_{2e} \boldsymbol{u}_e \tag{2-24}$$

其中:

$$\boldsymbol{K}_{2e} = \frac{\Delta \cdot D \cdot \sigma}{12} \begin{bmatrix} 2 & 1 & 1 & 0 \\ 1 & 2 & 1 & 0 \\ 1 & 1 & 2 & 0 \\ 0 & 0 & 0 & 0 \end{bmatrix} \tag{2-25}$$

Δ 为单元 e 在 $\varGamma_{\infty}$ 上的三角形面积。

方程式(2-16)第四项的边界积分

$$\int_{\varGamma_{\infty}} \sigma' \cdot \cos(r, \, n) \cdot u_0 u / r \mathrm{d}\varGamma = D \cdot \sigma' \int_{\varGamma_{\infty}} u_0 u \mathrm{d}\varGamma = \boldsymbol{u}_e^{\mathrm{T}} \boldsymbol{K}'_{2e} \boldsymbol{u}_{0e} \tag{2-26}$$

$$\boldsymbol{K}'_{2e} = \frac{\Delta \cdot D \cdot \sigma'}{6} \begin{bmatrix} 2 & 1 & 1 & 0 \\ 1 & 2 & 1 & 0 \\ 1 & 1 & 2 & 0 \\ 0 & 0 & 0 & 0 \end{bmatrix} \tag{2-27}$$

2.4.5　总体合成

将对式(2-16)各项单元积分后所得结果相加,再扩展成由全体节点组成的矩阵,进而全部单元相加,得

$$F_e(u) = \frac{1}{2}u_e^{\mathrm{T}}(K_{1e} + K_{2e})u_e + u_e^{\mathrm{T}}(K'_{1e} + K'_{2e})u_{0e}$$

$$= \frac{1}{2}u_e^{\mathrm{T}}K_e u_e + u_e^{\mathrm{T}}K'_e u_{0e} = \frac{1}{2}u^{\mathrm{T}}\overline{K_e}u + u^{\mathrm{T}}\overline{K'_e}u_0 \qquad (2-28)$$

式中：$K_e = K_{1e} + K_{2e}$，$K'_e = K'_{1e} + K'_{2e}$；u 与 u_0 分别是全体节点 u 与 u_0 组成的列向量；$\overline{K_e}$ 与 $\overline{K'_e}$ 分别是 K_e 与 K'_e 的扩展矩阵。由全部单元的 $F_e(u)$ 相加，得

$$F(u) = \sum F_e(u) = \frac{1}{2}u^{\mathrm{T}}\sum\overline{K_e}u + u^{\mathrm{T}}\sum\overline{K'_e}u_0 = \frac{1}{2}u^{\mathrm{T}}Ku + u^{\mathrm{T}}K'u_0 \quad (2-29)$$

令式(2-29)的变分为 0，得线性方程组：

$$Ku = -K'u_0 \qquad (2-30)$$

解方程组，得到各节点的异常电位。

异常电位 u 和正常电位 u_0 相加得到总电位 V，进而计算视电阻率。

2.5　网格剖分分析和系数矩阵的存储

2.5.1　网格剖分分析

在有限元正演计算中，网格剖分决定了求解的方程组系数矩阵的结构和元素分布。通常情况下，有限元法正演计算得到的系数矩阵是对称、稀疏矩阵。对于巷道激电的正演计算而言，下面将从正演模拟和反演解释两个方面分别讨论规则网格和放射状网格两种剖分方法。

图 2-7(a)是规则网格剖分，这种剖分的优点是网格大小变化小，且适合于各种规则模型的建立，便于正演模拟和计算；图 2-7(b)为以巷道为中心的放射状四面体网格剖分，与图 2-7(a)规则网剖分相比，同等条件下，放射状网格剖分网格数大大减少，正演速度快，因此适合于反演中的正演计算。

经分析发现，只要对规则网剖分进行变形和坐标变化，即可实现巷道激电正演的放射状网格剖分。图 2-8 给出了从规则网变形到放射状网格的实现过程。而对于图 2-7(a)所示规则网四面体剖分，前期的工作中已经详细讨论过，这里不再赘述。

三维有限元正演形成的系数矩阵是大型稀疏矩阵。例如，对于 5×5×5 三维规则剖分网格，系数矩阵非零元素个数小于 1250(125×10) 个，若用常规的变带宽存储下三角阵，大约需要存储 3125(125×25) 个元素。对于巷道三维 IP 观测，完成正演计算需要的内存是非常大的。例如，对于一个长约 1000 m 的巷道，网格剖分大约需要 432000(120×60×60) 个网格单元，若采用变带宽格式存储，大约需要 11.59 G(432000×120×60×4 字节)内存，显然是无法接受的，其实非零元素仅占

约 16.48 M。

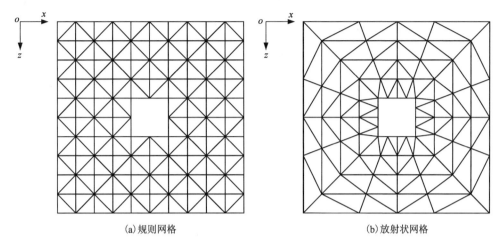

(a)规则网格　　　　　　　　　(b)放射状网格

图 2-7　网格剖分示意图

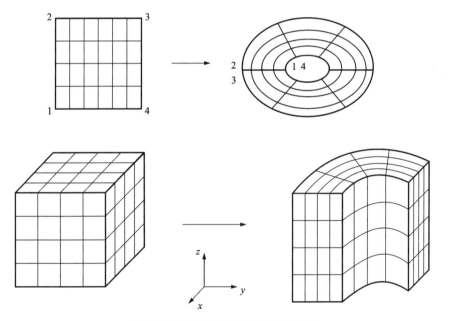

图 2-8　放射状四面体网格剖分实现

2.5.2 系数矩阵非零元素存储

行压缩存储(compressed sparse row，简称 CSR)也称行索引存储，是以行为单位，顺序存储系数矩阵中的非零元素，是最流行的稀疏矩阵压缩存储方法之一，常用于有限差分法等规则稀疏矩阵的存储。对于三维有限元法形成的系数矩阵，非零元素的分布不规则，每行中非零元素个数、位置都有差异。下面在 CSR 存储方案基础上，用 MSR(modified sparse row)方式实现了有限元正演系数矩阵非零元素的压缩存储。

通常情况下，行压缩 CSR 方式是用三个一维数组来存储系数矩阵的非零元素和相关信息，具体说明见表 2-1。

表 2-1   CSR 格式存储

数组	说明
AA(M)	实数数组，以行格式顺序存储系数矩阵下三角中的非零元素，M 为非零元素个数
ICOL(M)	整型数组，存储非零元素在原始稀疏矩阵中的列号，与 AA(M) 对应
IRFR(N+1)	整型数组，N 为方程的阶数，存放每行第一个非零元素在 AA(M) 中的位置，最后一个元素是 M+1

例如：系数矩阵

$$A = \begin{pmatrix} 2. & 1. & 3. & & \\ 1. & 4. & & 5. & 7. \\ 3. & & 6. & & \\ & 5. & & 8. & 9. \\ & 7. & & 9. & 10. \end{pmatrix} \qquad (2-31)$$

为 5×5 的对称稀疏矩阵，CSR 方式存储其下三角非零元素如下：

AA(10)	2.	1.	4.	3.	6.	5.	8.	7.	9.	10.
ICOL(10)	1	1	2	1	3	2	4	2	4	5
IRFR(6)	1	2	4	6	8	11				

在方程组的求解过程中，对角线元素的访问和运算最频繁，基于这一思路，Yousef Saad 等对 CSR 存储提出改进格式，即改进的行压缩存储(modified sparse row，MSR)方式，即把对角线元素提出来单独存储。改进的存储方式(MSR)仅需

要两个数组：一个实型数组 AA 和一个整型数据 ICOL。具体存储说明见表 2-2。

表 2-2　MSR 格式存储

数组	说明（M 为非零元素个数；N 为方程的阶数）
AA(M+1)	实型数组，AA 数组前 N 个元素顺序存储系数矩阵主对角线元素，第 N+1 个元素为任意值；从第 N+2 元素开始，按行存储除对角线元素之外的其他非零元素
ICOL(M+1)	整型数组，ICOL(1)＝N+2，从第 2 到第 N 个元素存放各行第一个非零元素在 AA 中位置，ICOL(N+1)＝M+2；其他元素存放与 AA 数组对应元素在系数矩阵中的列号

式（2-36）矩阵 A 用 MSR 格式存储如下：

AA(11)	2.	4.	6.	8.	10.	*	1.	3.	5.	7.	9.
ICOL(11)	7	7	8	9	10	12	1	1	2	2	4

本书中有限元正演计算形成的系数矩阵对角线元素均不为零，且容易计算获得。分析系矩阵中非零元素的分布规律，实现巷道规则网格剖分三维正演系数矩阵非零元素 MSR 格式存储的 Fortran 代码如下：

```
! * * * * * * * * * * * * * * * * * * * * * * * * * * * * * * * * * *
! MSR(NY, NX, NZ, ICOL, K)
! 输入参数：NX 、NY 和 NZ——三个方向网格节点剖分个数；
! 输出参数：ICOL(M+1)——行顺序存储的系数矩阵非零元素的列号；
!         K=M+1——M 为实际的非零元素个数；
! * * * * * * * * * * * * * * * * * * * * * * * * * * * * * * * * * *
    SUBROUTINE MSR(NX, NY, NZ, ICOL, K)
    INTEGER I, NX, NY, NZ, K, M, J
    INTEGER ICOL( * )
     M＝NX * NY * NZ
     K＝M+1
     ICOL(1)＝M+2
     DO I＝1, NY
! * * * * * * * * * * * * * * * * * * * * * * * * * * * * * * * * * *
!      计算 NY＝1 情况
! * * * * * * * * * * * * * * * * * * * * * * * * * * * * * * * * * *
       IF (I＝＝1) THEN
```

```
        DO J=2, NX * NZ
          ICOL(J)=K+1
          IF (J<=NZ) THEN
            K=K+1; ICOL(K)=J-1
          ELSE IF (MOD(J, NZ)==1) THEN
            K=K+2; ICOL(K)=J-NZ+1; ICOL(K-1)=J-NZ;
          ELSE IF (MOD(J, NZ)==0) THEN
            K=K+2; ICOL(K)=J-1; ICOL(K-1)=J-NZ;
          ELSE
            K=K+3; ICOL(K)=J-1; ICOL(K-1)=J-NZ+1; ICOL(K-2)=J-NZ;
          ENDIF
        ENDDO
      ENDIF
! * * * * * * * * * * * * * * * * * * * * * * * * * * * * * * * * * * *
!       计算 I=NY 情况
! * * * * * * * * * * * * * * * * * * * * * * * * * * * * * * * * * * *
      IF (I==NY) THEN
        NS=(NY-1) * NX * NZ+1
        NE=NX * NZ * NY
        DO J=NS, NE
          ICOL(J)=K+1
          IF(J<=NE-NZ) THEN
                IF (J==NS) THEN
                  K=K+3; NP=J-NX * NZ; ICOL(K)=NP+NZ; ICOL(K-1)=NP+1;
ICOL(K-2)=NP;
                ELSE IF (J<NZ+NS-1) THEN
                  K=K+4; NP=J-NX * NZ; ICOL(K)=J-1;
                  ICOL(K-1)=NP+NZ; ICOL(K-2)=NP+1; ICOL(K-3)=NP;
                ELSE IF (J==NZ+NS-1) THEN
                  K=K+2; NP=J-NX * NZ; ICOL(K)=J-1; ICOL(K-1)=NP;
                ELSE IF (MOD(J, NZ)==1) THEN
                  K=K+4; NP=J-NX * NZ; ICOL(K)=J-NZ;
                  ICOL(K-1)=NP+NZ; ICOL(K-2)=NP+1; ICOL(K-3)=NP;
                ELSE IF (MOD(J, NZ)==0) THEN
                  K=K+6; NP=J-NX * NZ; ICOL(K)=J-1;
                  ICOL(K-1)=J-NZ; ICOL(K-2)=J-NZ-1; ICOL(K-3)=NP;
                  ICOL(K-4)=NP-1; ICOL(K-5)=NP-NZ;
                ELSE
```

```
                    K=K+8; NP=J-NX * NZ;
                    ICOL(K)=J-1; ICOL(K-1)=J-NZ; ICOL(K-2)=J-NZ-1; ICOL(K-
3)=NP+NZ;
                    ICOL(K-4)=NP+1; ICOL(K-5)=NP; ICOL(K-6)=NP-1;
                    ICOL(K-7)=NP-NZ;
                ENDIF
        ELSE IF(J==NE-NZ+1) THEN
                    K=K+2; NP=J-NX * NZ; ICOL(K)=J-NZ; ICOL(K-1)=NP;
        ELSE
                    K=K+6; NP=J-NX * NZ; ICOL(K)=J-1;
                    ICOL(K-1)=J-NZ; ICOL(K-2)=J-NZ-1; ICOL(K-3)=NP;
                    ICOL(K-4)=NP-1; ICOL(K-5)=NP-NZ;
        ENDIF
    ENDDO
    ENDIF
! * * * * * * * * * * * * * * * * * * * * * * * * * * * * * * * * * * * * *
!    计算 1<I<NY 情况
! * * * * * * * * * * * * * * * * * * * * * * * * * * * * * * * * * * * * *
    IF(I>1 . AND. I<NY) THEN
    NS=(I-1) * NX * NZ+1; NE=I * NZ * NX;
    DO J=NS, NE
        ICOL(J)=K+1
        IF(J<=NE-NZ) THEN
            IF(J==NS) THEN
                K=K+3; NP=J-NX * NZ; ICOL(K)=NP+NZ; ICOL(K-1)=NP+1;
ICOL(K-2)=NP;
            ELSE IF (J<NZ+NS-1) THEN
                K=K+4; NP=J-NX * NZ; ICOL(K)=J-1;
                ICOL(K-1)=NP+NZ; ICOL(K-2)=NP+1; ICOL(K-3)=NP;
            ELSE IF (J==NZ+NS-1) THEN
                K=K+2; NP=J-NX * NZ; ICOL(K)=J-1; ICOL(K-1)=NP;
            ELSE IF (MOD(J, NZ)==1) THEN
                K=K+5; NP=J-NX * NZ; ICOL(K)=J-NZ+1; ICOL(K-1)=J-NZ;
                ICOL(K-2)=NP+NZ; ICOL(K-3)=NP+1; ICOL(K-4)=NP;
            ELSE IF (MOD(J, NZ)==0) THEN
                K=K+6; NP=J-NX * NZ; ICOL(K)=J-1; ICOL(K-1)=J-NZ;
                ICOL(K-2)=J-NZ-1; ICOL(K-3)=NP;
                ICOL(K-4)=NP-1; ICOL(K-5)=NP-NZ;
```

```
          ELSE
            K=K+9; NP=J-NX*NZ;
            ICOL(K)=J-1; ICOL(K-1)=J-NZ+1; ICOL(K-2)=J-NZ; ICOL(K-3)=J-NZ-1;
            ICOL(K-4)=NP+NZ; ICOL(K-5)=NP+1; ICOL(K-6)=NP; ICOL(K-7)=NP-1;
            ICOL(K-8)=NP-NZ;
          ENDIF
        ELSE IF(J==NE-NZ+1) THEN
            K=K+3; NP=J-NX*NZ; ICOL(K)=J-NZ+1; ICOL(K-1)=J-NZ; ICOL(K-2)=NP;
        ELSE IF(J==NE) THEN
            K=K+6; NP=J-NX*NZ; ICOL(K)=J-1; ICOL(K-1)=J-NZ; ICOL(K-2)=J-NZ-1; ICOL(K-3)=NP;    ICOL(K-4)=NP-1; ICOL(K-5)=NP-NZ;
        ELSE
            K=K+7; NP=J-NX*NZ; ICOL(K)=J-1; ICOL(K-1)=J-NZ+1;
            ICOL(K-2)=J-NZ; ICOL(K-3)-J-NZ-1;
            ICOL(K-4)=NP; ICOL(K-5)=NP-1; ICOL(K-6)=NP-NZ;
        ENDIF
      ENDDO
    ENDIF
!*************************************************
    ICOL(M+1)=K+1
    ENDDO
!*************************************************
    END
!*************************************************
```

2.6　方程组求解

2.6.1　大型对称稀疏线性系统求解

三维有限元正演计算最终归结为求解式(2-35)中超大型稀疏、对称，病态的线性方程组。关于这类方程的求解，国内外有较多研究，直接解法有 GS 法、奇异值分解、LDL^T 分解和其改进方法等；迭代法有 G-S 法、Newton 法、共轭梯度 (CG) 及其改进方法等。其中，Yousef Saad 等、吴小平等用预条件共轭梯度 (PCG) 法实现了快速计算，取得了较好效果，本书借鉴前人的思路，用 SSORPCG （symmetric successive over relaxation preconditioned conjugate gradient）法实现巷道三维 IP 快速正演计算。

下面简单介绍 SSOR-PCG 的求解过程：

例如，求解线性方程组

$$Ax = b \tag{2-32}$$

对于对称系数矩阵 A，可写为对角阵 D 和严格下三角阵 E 的和形式：

$$A = D - E - E^{\mathrm{T}} \tag{2-33}$$

假定 M 为 A 的预条件矩阵，则 M 的 SSOR 预条件定义如下：

$$M^{-1}Ax = M^{-1}b$$
$$M_{\mathrm{SSOR}} = (D - \omega E)D^{-1}(D - \omega E^{\mathrm{T}}) \tag{2-34}$$

式中：$\omega(0 \leqslant \omega \leqslant 2)$ 为松弛因子。

式（2-35）为 CG 求解的整个迭代过程：

$$r_0 = b - Ax_0,\ z_0 = M^{-1}r_0,\ p_0 = z_0$$
$$\mathrm{DO}\quad j = 0,\ 1,\ 2,\ \cdots,\ \text{直到收敛}$$
$$\alpha_j = (r_j,\ z_j)/(Ap_j,\ p_j)$$
$$x_{j+1} = x_j + \alpha_j p_j$$
$$r_{j+1} = r_j - \alpha_j Ap_j \tag{2-35}$$
$$z_{j+1} = M^{-1}r_{j+1}$$
$$\beta_j = (r_{j+1},\ z_{j+1})/(r_j,\ z_j)$$
$$p_{j+1} = z_{j+1} + \beta_j p_j$$
$$\mathrm{ENDDO}$$

初始解 x_0 通常取零；通过试算，松弛因子 ω 取 1.8 时效果较好。

在 SSOR-PCG 求解过程中，由于预条件矩阵 M 与系数矩阵 A 具有相同的稀疏性，同样也采用 MSR 压缩存储，整个迭代过程只是系数矩阵非零元素的运算，其计算量小，计算速度快，计算时间由原来的十几分钟缩短至现在的十几秒。

2.6.2　计算效率和计算精度

计算平台：Dell Workstation PWS650，Intel（R）Xeon（TM）CPU 2.8 GHz 2.79 GHz，内存 2.00 GB。

1. 算例一

模型如图 2-9(b)所示，为一个三层层状大地模型，第一层厚度为 5 m，电阻率为 50 Ω·m；第二层厚度为 10 m，电阻率为 100 Ω·m；第三层电阻率为 20 Ω·m。网格剖分数为 39710(55×38×19) 个。用异常电位法计算，SSOR-PCG 求解总耗时 13.2 s，其中解方程耗时 6.2 s，网格剖分等其他计算耗时 7.1 s。

图 2-9(a)为三维计算结果和数值滤波法计算结果的对比,最大误差 4.35%,平均误差小于 1%。

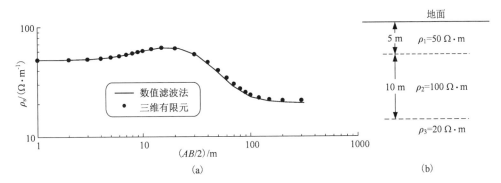

图 2-9　一维层状模型(b)三维有限元与数值滤波法计算结果对比(a)

2. 算例二

图 2-10(a)所示为 90°角域二维地形,背景电阻率 $\rho=1\ \Omega\cdot m$,三维有限元计算剖分网格数为 25600(80×30×16)个,研究区域左右边界分别取为 −2000 m 到 2000 m,取供电电极与测量电极间距 AM 分别为 2 m、6 m。用总电位法计算,SSOR-PCG 求解一次方程耗时 7.3 s,共需求解 27 次方程,网格剖分等其他计算耗时 7.8 s,总计算时间 $T=7.3\times27+7.8=204.9\ s$。图 2-10(b)为二极装置解析计算结果与有限元计算结果的对比。除角域顶部个别点的计算误差较大外(最大误差 4.15%),其余各点的误差都比较小(<2%)。

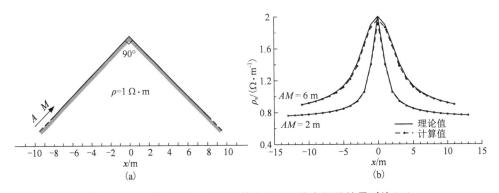

图 2-10　二维地形(a)理论计算结果和三维有限元结果对比(b)

2.7 巷道复杂条件下正常场的计算

异常电位法正演计算是把观测总场分解为正常场和异常场的叠加，其优点是在求解中不含电源项，电源点周围的电场计算更为精确，整体提高了正演的模拟精度，但必须事先要计算出正常场来。众所周知，对于起伏地形、巷道等复杂地形，很难找到解析解，求解正常场本身同求解总场一样困难，结果又回到用总电位法求解的道路上，所以巷道电场的异常法求解必须首先解决好巷道复杂条件下的正常场求解问题。

通过分析不难发现，对于巷道而言，其巷道空腔本身电阻率为无穷大，无极化率，如果用一个很大的数(比如 10^{12})来表示巷道空腔的电阻率，那么就可以把巷道当作一个高阻异常体对待，这样正常场计算就可直接用全空间的点电源场解析公式计算，实现异常电位法正演计算。

2.8 本章小结

本章通过对巷道复杂条件下激发极化法有限元正演的研究，得出如下结论：

1)针对巷道 IP 的三维复杂条件下异常电位的有限元计算方法，从正演模拟和反演角度讨论了巷道规则网和放射状网格的剖分方法，用公式推导了边界积分计算；应用四面体剖分技术，模拟任意复杂的地电模型，提高了计算精度。

2)分析了三维电场有限元正演形成的系数矩阵元素分布规律，并给出了用 MSR 压缩存储矩阵非零元素的 Fortran 代码，大大减少了内存消耗。

3)编制了三维有限元正演计算程序，并用 SSOR-PCG 迭代法求解方程，正演计算时间由原来的十几分钟缩短到现在的几十秒，在 PC 机上实现了快速、高效的三维模拟计算。

4)算例计算结果表明，正演算法是可行的，程序是正确的，正演计算速度快，计算精度也能满足正反演的要求。

第 3 章
巷道顶底板、侧方激电探测及反演解释

在煤田巷道超前探测生产中，经常需要了解巷道底板、侧帮等方向上的裂隙、陷落柱等不良地质体分布。本章从全空间的电场出发，用三维有限元程序计算巷道本身、巷道旁侧异常体等对观测电场的影响规律，探索巷道顶底板、侧方激电超前探测的合理观测方式和数据解释技术。

本章从以下三个方面进行分析，探讨巷道顶底板、侧方激电超前探测观测系统及反演技术：

(1)巷道本身对点源场的观测的影响规律；

(2)巷道铁轨、旁侧异常体对巷道顶底板超前探测的影响规律，形成合理的观测系统；

(3)巷道顶底板激电超前探测数据的数据改正处理和最小二乘反演解释技术，并用模型合成数据检验反演效果。

3.1 巷道本身对点源场观测的影响规律

巷道直流电阻率法的探测原理与地面电阻率法一样，通过特定的电极排列装置，观测电场的变化，进而进行分析与解释。通常情况下，为了便于对比分析，观测的电位差数据换算成视电阻率数据。对于任意观测装置形式，理论上可以通过二极排列叠加组合实现。因此，下面重点讨论巷道本身对点电源二极法观测电场的影响规律。

对于巷道二极观测，参照地面的工作思路，视电阻率 ρ_s 表达式如下：

$$\rho_s = K \frac{U}{I} \tag{3-1}$$

式中：K 为装置系数；U 为观测点(M)的观测电位；I 为供电电极(A)供电电流。对于巷道观测环境，若看作全空间情况，按照全空间正常场的计算，装置系数 $K = 4\pi r_{AM}$。同样，考虑二极观测，视极化率 η_s 的表达式为：

$$\eta_{\rm s} = \frac{U_Z - U_1}{U_Z} \times 100\% \qquad\qquad (3\text{-}2)$$

式中：U_Z 为有激电效应影响时的观测总电位；U_1 为不考虑激电影响时的一次场电位，显然，视极化率 $\eta_{\rm s}$ 与装置系数 K 无关。巷道本身是空腔，电阻率是无穷大，极化率是 0，因此，只会引起视电阻率异常，不会引起视极化率异常。

为了解巷道本身对视电阻率观测的影响规律，所设计的巷道模型如图 3-1 所示。以巷道轴线中点为直角坐标系原点，巷道走向沿 x 轴方向；测线布设与巷道轴线平行，根据测线在巷道壁周围（顶板、底板或侧面）相对位置不同，可将测线分为面测线和角测线。面测线位于巷道顶板、侧面或底板上，角测线位于两巷道面交线上，如巷道顶板与侧面交线的测线称为顶角测线、巷道侧面与底板交线的测线称为底角测线。

巷道本身对视电阻率观测的影响与测线相对位置、巷道尺寸、电源点位置等因素有关，下面分别讨论。

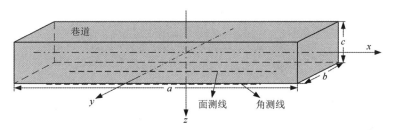

图 3-1　有限元模拟巷道模型及测线布设示意图

3.1.1　不同测线巷道空腔影响

模型参数如下：巷道无限长，宽 $b=4$ m、高 $c=4$ m（如图 3-1 所示）；巷道周围为均匀介质（围岩），电阻率为 1 $\Omega\cdot$m；巷道空腔电阻率为无穷大，有限元计算时取为 1×10^{12} $\Omega\cdot$m。以巷道底板为例，共布设 3 条测线，分别计算巷道空腔对单点源（另一相异极性点电源置于无穷远处）视电阻率的影响。3 条测线分别为：位于巷道底板与侧面交线的底角测线（$y=2$）、巷道面测线（$y=1$）和位于巷道底板中线的底板面测线（$y=0$）。

图 3-2 为点电源场面测线和角测线 $\rho_{\rm s}$-r 曲线。图 3-2 中面测线点源坐标分别为（0，0，2）、（0，1，2），角测线点源位于巷道侧帮与底板交线中点，坐标为（0，2，2），极距 $r=AM$ 为相应测线上观测点到电源点的距离。

对比点源场不同测线二极排列 $\rho_{\rm s}$-r 曲线，巷道空腔对点源场影响的主要特征为：

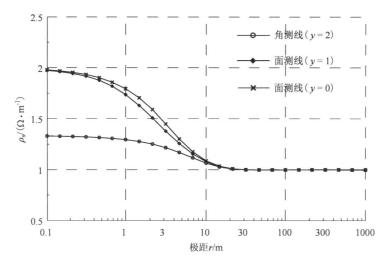

图 3-2　不同测线巷道空腔对点源场 ρ_s-r 曲线

(1)由于巷道本身对电流的排斥作用,电源点附近观测电位大于无巷道影响的正常电位,$\rho_s>1$,巷道空腔对观测电位表现为正影响。远离电源点观测电位趋于无巷道空腔影响相同介质点源场电位值,$\rho_s\to1$;

(2)巷道空腔影响与测线相对位置有关,不同测线受巷道空腔影响程度不同,巷道面测线受空腔影响大,角测线受空腔影响相对较小;

(3)巷道面上不同位置面测线($y=1$、2)ρ_s 曲线形态相似,仅在曲线下降段有微小差异,影响规律基本相同;

(4)对于点源场,不同测线 ρ_s-r 曲线变化趋势相同,曲线由首支下降段和尾支水平渐近线两部分组成。首支 ρ_s 趋于定值(面测线 $\rho_s\to2$、角测线 $\rho_s\to4/3$),随着极距($r=AM$),增大,ρ_s 逐渐减小,曲线缓慢下降。当 $r>20$ m(约为巷道宽度 b 的 5 倍)时,ρ_s 曲线趋于一条直线,$\rho_s=1$。

3.1.2　巷道大小对观测视电阻率的影响

巷道对视电阻率观测的影响与巷道大小有关,为研究巷道空腔影响与巷道大小的关系,下面的计算将以单点源面测线(底板中线)观测为例加以讨论。

为便于讨论不失一般性,讨论巷道宽度 b 和高度 c 相等的情况,测线位于巷道底板中心线上,其他模型的电性参数与图 3-1 所示模型参数相同。图 3-3 分别为 2 m×2 m、4 m×4 m、6 m×6 m、8 m×8 m、10 m×10 m 五种截面尺寸巷道空腔对单点源场影响的 ρ_s-r 曲线。

图 3-3 表明,空腔影响与巷道截面尺寸关系密切,曲线形态特征表现为:

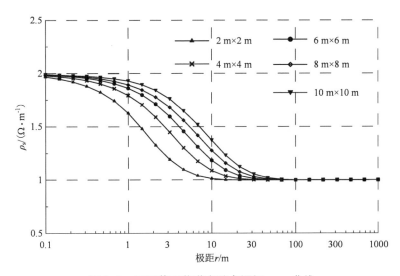

图 3-3　不同截面巷道空腔点源场 ρ_s-r 曲线

（1）不同大小截面巷道 ρ_s-r 曲线形态相似，曲线首支 $\rho_s \to 2$；

（2）曲线中段（$1 < x < 5b$），随着极距（$r = AM$）增大，ρ_s 由 2 逐渐减小到 1，不同尺寸巷道曲线下降速度不同，巷道截面越大，曲线下降速度越慢；

（3）不同截面的巷道，当 $r > 5b$ 时，$\rho_s \to 1$，曲线为水平直线。

综合分析，巷道空腔对视电阻率的影响取决于测线布设情况，面测线和角测线受空腔影响程度不同，取决于电源点相对于巷道面所张立体角的大小。由于巷道视电阻率计算采用统一的全空间装置系数，故有：①对于测线在巷道顶底板、侧方等面上布设时（面测线），当极距较小时，观测的电场应该是近似为半空间情况，因此，换算得到的视电阻率值是 2 倍围岩电阻率，但随着极距的逐渐变大，巷道本身的影响逐渐减小，观测电场逐渐与全空间的情况类似，因此，大极距（$r \geqslant 5b$）用全空间的装置系数计算视电阻率是合适的。②对于测线沿巷道角布设的情况（即为角测线时），巷道对电源点所张的立体角为 3π（全空间是 4π），因此小极距时，观测的视电阻率是围岩电阻率的 4/3，随着极距增大（$r \geqslant 5b$），此种情况将逐渐与全空间的情况类似，视电阻率接近围岩电阻率。

可见，对于巷道视电阻率观测，巷道本身会对不同极距的观测产生不同的影响，而用统一的全空间装置系数计算视电阻率，则有可能会带来一些假异常。假异常主要集中在极距小于 5 倍的巷道大小的观测上，对解释带来一定的干扰。

3.1.3　巷道本身影响校正

通过 3.1.2 节的计算结果可知，巷道本身不会引起极化率的假异常，因此对观测视极化率数据不需要进行校正。但巷道对视电阻率的影响与观测极距 r、巷道宽度 b 及测线位置等因素有关，不能忽略。

巷道本身主要影响极距小于 5 倍的巷道宽度的小极距（$r<5b$）视电阻率观测，此种情况应予以校正。理想的校正方法是对巷道大小、测线布设等建立模型，先用有限元正演得到均匀围岩（$1\ \Omega\cdot m$）下的小极距（$r<5b$）视电阻率随极距的变化曲线，并对实测的小极距数据进行校正，然后用地面成熟的反演方法进行解释。

下面将寻求一种简单的函数来拟合巷道影响的小极距视电阻率观测曲线，并进行近似校正。根据图 3-2 和图 3-3 的曲线特征可知，巷道对视电阻率的影响是随极距增大的衰减曲线，由此构造以 e 为底的指数函数 $k(r,b)=\alpha e^{-\beta r}+\gamma$，使用该函数对各条曲线进行最小二乘法拟合，确定函数待定系数并给出经验公式。

对于单点源场，巷道空腔影响函数 $k(r,b)$ 的经验公式为（图 3-4）：

（1）面测线，$\alpha=1$，$\gamma=1$，$\beta=\begin{cases}1/(2x) & x\geq b/2\\ 1/[(b-x)] & x<b/2\end{cases}$；

（2）角测线，$\alpha=\dfrac{1}{3}$，$\gamma=1$，$\beta=1/(2b)$。

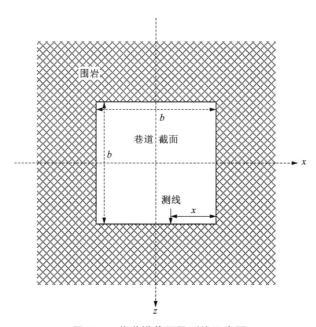

图 3-4　巷道横截面及测线示意图

因此，对于一般的巷道底板中心测线（面测线）和角测线情况，$k(r,b)$ 公式退化为

$$\begin{cases} k(r,\ b) = \mathrm{e}^{-\frac{r}{b}} + 1 & (\text{巷道底板中心面测线}) \\ k(r,\ b) = \dfrac{1}{3}\mathrm{e}^{-\frac{r}{2b}} + 1 & (\text{巷道角测线}) \end{cases} \tag{3-3}$$

图 3-5 为不同巷道截面单点源巷道底板中心面测线观测巷道影响拟合曲线，图 3-6 为巷道角测线的拟合曲线，其中实线为对应拟合函数 $k(r,\ b)$ 曲线，点线为围岩为 $1\ \Omega \cdot \mathrm{m}$ 对应巷道 ρ_s 观测曲线，b 为巷道宽度。图 3-5 所示 5 条不同巷道的拟合曲线最大拟合误差为 1.88%，平均误差为 0.45%。图 3-6 为点源场角测线观测拟合曲线最大拟合误差为 2.87%，平均误差为 0.57%。

对于三极、对称四极等其他装置的观测影响，利用其与二极装置的换算关系，容易实现。因此，在要求不高的情况下，可应用式(3-3)对巷道实测数据进行巷道影响的近似校正。同样，根据场的对称关系，巷道本身对底板的影响和校正关系同样适用于巷道顶板、侧帮的勘探。

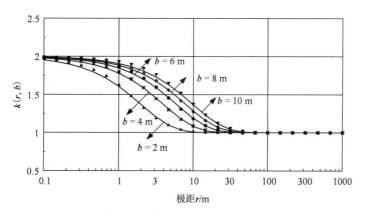

图 3-5　点源不同截面巷道面测线影响曲线拟合

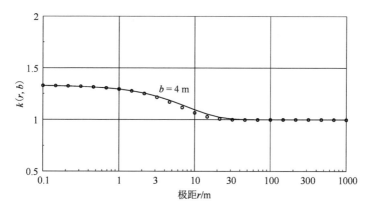

图 3-6　点源巷道角测线影响曲线拟合

3.2 不同位置异常体对巷道顶底板超前探测的影响规律

3.2.1 巷道内铁轨对观测的影响

铁轨是煤田巷道中的常见设备,在煤田巷道顶底板等开展激电超前探测时,无疑会受到低阻轨道的干扰。

图 3-7 为巷道模型横截面示意图,巷道截面为 4 m×4 m;铁轨为互相平行的两条轨道,轨道长度与巷道长度无限长,且与巷道底面完全接触;铁轨为低阻体,电阻率取 0.01 Ω·m,极化率取 10%;围岩电阻率为 100 Ω·m,围岩极化率为 0,巷道空腔电阻率为 1×10¹² Ω·m,其他参数见图 3-7。

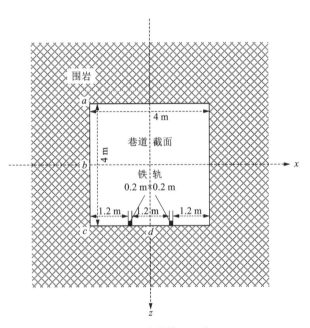

图 3-7　巷道横截面示意图

计算巷道顶角(图 3-7a 点)、侧帮中线(图 3-7b 点)、底角(图 3-7c 点)和底板中线(图 3-7d 点)4 条不同位置测线上用二极法观测的视电阻率、视极化率随极距的变化情况。ρ_s-r 和 η_s-r 结果曲线见图 3-8 和图 3-9。对比不同测线的计算结果,可知:

(1)视电阻率异常:铁轨对点源场观测视电阻率影响与测线和轨道的相对位置有关,观测异常是巷道空腔和铁轨异常的叠加,距离轨道最近的底板中线和底角测线受铁轨影响大，距离轨道最远的顶角测线受铁轨影响最小，基本可以忽略；视电阻率异常特征上，当在靠近铁轨的底板工作时，由于测线靠近铁轨，铁轨是低阻体，吸引电流，会使二极法小极距(极距小于3倍巷道宽度)时测线观测的电位变小，出现小的低阻异常；但随着极距增大，低阻铁轨的影响表现为相反的高阻异常，影响极距范围从几十米到上百米。

（2）视极化率异常：铁轨对点源场观测视极化率影响也与测线和轨道的相对位置有关，不同测线的异常曲线特征相似，越靠近铁轨的测线，异常越大，空腔不会引起视极化率假异常；在小极距(极距小于10倍巷道宽度)时，高极化率的铁轨影响表现为高极化率异常，随着极距的增大，铁轨的影响为负的视极化率异常，同样，影响极距范围从几十米到上百米。

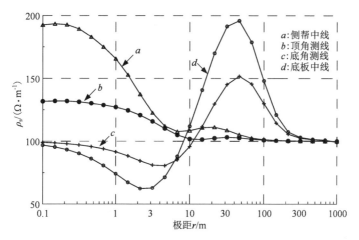

图3-8　铁轨对不同测线二极法视电阻率观测曲线

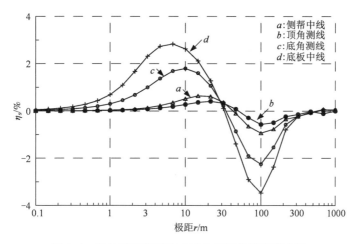

图3-9　铁轨对不同测线二极法视极化率观测曲线

因此，巷道内的铁轨对视电阻率和视极化率的观测都有明显的影响，影响规律与测线位置、极距大小等因素有关。实际测量中为减小铁轨的干扰影响应将测线尽量布设在远离轨道的测线上。

3.2.2 巷道旁侧异常体对观测的影响

在煤田巷道顶底板、侧方和迎头进行超前勘探时，通常采用单极-偶极(三极)、对称四极、偶极-偶极等高密度电法，以尽可能地获取多的数据信息。由于巷道探测的空间限制和工作的特殊性，超前探测获得的异常来自巷道的哪个方向一直是困扰煤田巷道探测的技术问题。为考察巷道不同位置异常体对巷道观测的影响，寻找其规律性，对不同位置异常体进行正演计算对比。

考虑单极-偶极法(三极法)在煤田巷道超前探测中应用最多，建立有限元模型，巷道断面为正方形(边长 $d = 4$ m)，围岩电阻率为 1000 Ω·m，巷道空腔电阻率取值为 1×10^{12} Ω·m，测量电极间距 $MN = 2$ m，下面计算单极-偶极法(三极法)超前探测的探测曲线。

3.2.2.1 巷道掌子面前方低阻异常体的异常响应

供电电极 A 位于巷道底板中线上，从掌子面开始，间隔 2 m 布设一个电极。假定异常体位于掌子面正前方，与掌子面距离 $D = 8$ m，电阻率为 10 Ω·m，极化率为 20%；异常体大小为 4 m×8 m×4 m(图 3-10)。

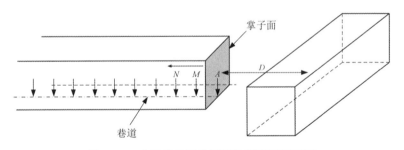

图 3-10 巷道迎头超前探测计算模型示意图

以巷道迎头为 x 的 0 点位置，迎头前方为正，后方为负，三极观测的记录点计为 MN 的中点，图 3-11 和图 3-12 分别为上述模型的视电阻率和视极化率计算结果，分析曲线的特征，得到以下认识：

(1)视电阻率异常：观测得到的视电阻率异常是巷道本身和前方异常体的综合影响，在极距(AO)较小时，巷道本身的影响大，而异常体引起的异常小，曲线特征上几乎掩盖了前方异常体的影响，但观测的视电阻率值比无异常体时小。分析巷道三极法超前探测的原理，发现对于巷道迎头的前方探测，观测的目的异常

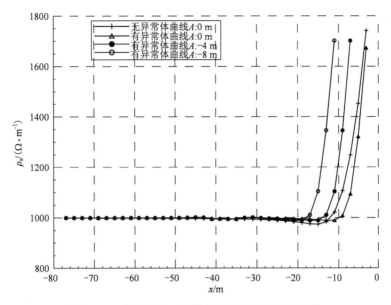

图 3-11　巷道迎头三极法超前探测视电阻率曲线

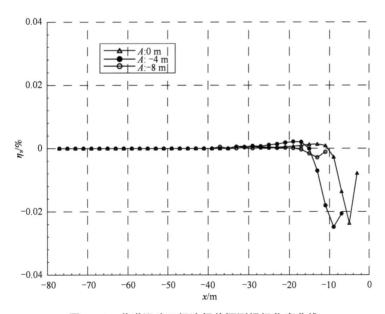

图 3-12　巷道迎头三极法超前探测视极化率曲线

来源于异常体本身产生的二次场，而二次场本身是越接近异常体，二次场越强，那么从观测的角度说就是，越靠近迎头，观测的异常越大，而恰恰在迎头附近的观测正是小极距观测，巷道本身影响大，往往掩盖了有用异常。而当观测电极远离迎头时，也就远离了迎头前方的探测的目标异常体，观测的异常也逐渐减弱，因此大极距观测也无法获得很好的异常观测效果。

(2)视极化率异常：巷道空腔本身没有极化率，不会引起视极化率异常，因此观测的视极化率异常是极化异常体的反映。巷道三极法由于布极方向与迎头超前探测方向相反，因此对于迎头前方的低阻高极化异常体，视极化率异常为较小的负极化率异常。随着供电点远离迎头，视极化率异常幅值变小。

(3)在巷道底板布设电极排列，巷道迎头对观测的影响是非常有限的。换句话说，利用巷道底板三极法进行巷道迎头的超前探测效果不佳，主要是巷道本身的影响和观测系统本身所致。

3.2.2.2 巷道顶底板及侧方超前探测的异常响应

煤田巷道探测经常需要了解顶底板、侧帮及外围的情况，通常情况下探测哪一方向，就在哪一工作面布设电极排列。例如，要了解底板下方的情况，就在底板上布设电极排列。下面来计算一组模型，异常体分别位于巷道的底板下方，顶板上方和侧帮外侧，依据对称性，我们把测线放置在巷道底板中线上。一方面，了解底板探测的异常特征；另一方面，了解不同方位的异常体对另一巷道面探测的影响规律。

分别设计三种模型(图 3-13)：(a)异常体位于巷道底板正下方；(b)异常体位于巷道顶板上方；(c)异常体位于巷道侧帮外侧。分别距离底板、顶板和侧帮的距离 $H=4$ m，以巷道迎头为坐标 x 的 0 点，迎头前方为正，后方为负，异常体中心在测线上的投影为 $x=-40$ m 点。异常体大小为 8 m×4 m×4 m。同样，围岩电阻率为 1000 Ω·m，巷道空腔电阻率取值 $1×10^{12}$ Ω·m，测量电极间距 $MN=2$ m，低阻高极化异常体电阻率为 10 Ω·m，极化率 20%；计算单极-偶极法(三极法)超前探测计算结果。

图 3-14 是图 3-13[(a)、(b)、(c)]三种情况下的三极法视电阻率和视极化率正演计算结果，参照地面三极法的观测记录方法，观测记录点 x 为 MN 的重点，纵坐标用 $AO/2$ 表示，绘制视参数拟断面图。对比异常体位于巷道不同位置的计算结果，发现：

(1)巷道本身对视电阻率的影响主要在小极距观测上，因此，视电阻率拟断面图的浅部呈现水平的高阻等值线。尽管巷道本身不会引起视极化率异常，但扭曲了视极化率异常的形态。

(2)测线布设在巷道底板中线上，对于底板下方异常体获得的视参数异常最大，巷道侧方异常体异常次之，顶板上方异常体的异常最小。因此，在巷道工作

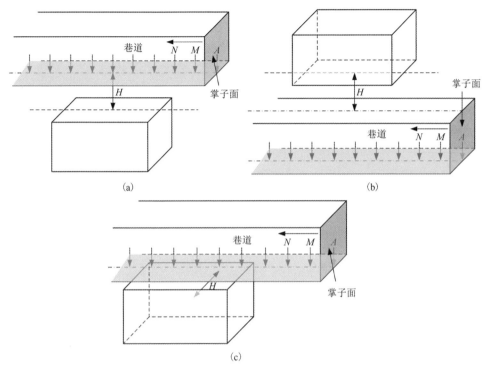

图 3-13　巷道顶底板超前探测计算模型示意图

面布极探测时，主要观测的异常来自工作面外侧的地电影响，其他方向的影响较小。换句话说，需要探测巷道某方向上的异常，就应该在该探测方向面上布设电极观测。

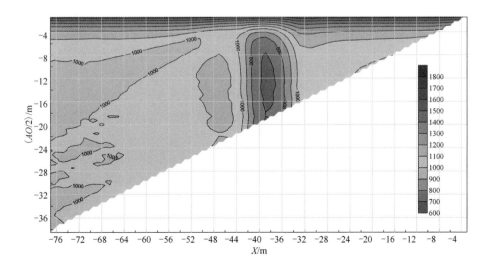

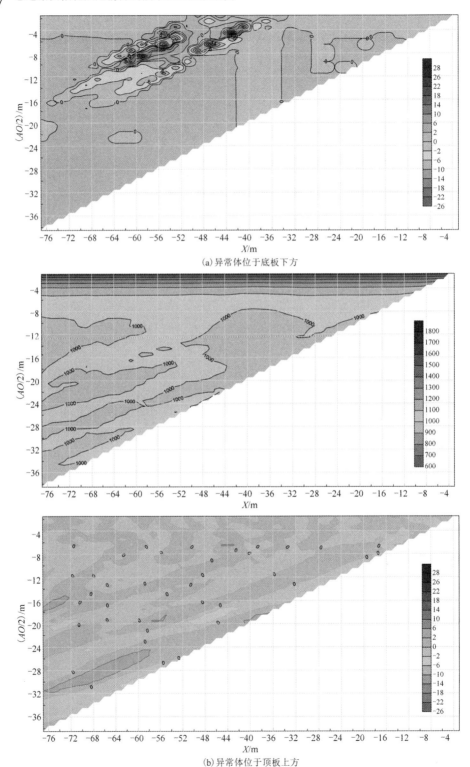

(a) 异常体位于底板下方

(b) 异常体位于顶板上方

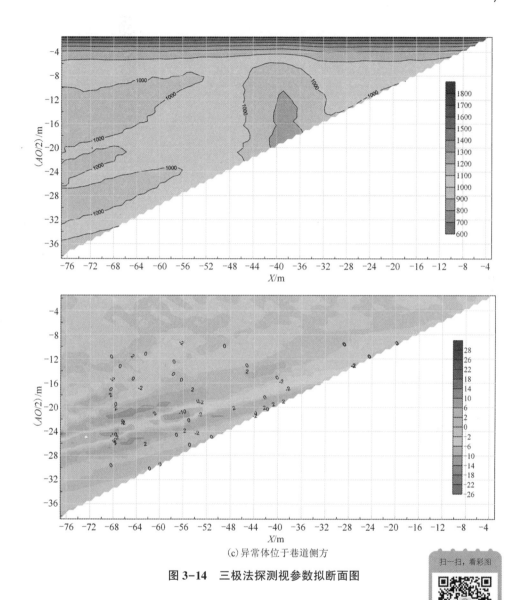

(c) 异常体位于巷道侧方

图 3-14　三极法探测视参数拟断面图

模型算例的计算结果表明, 煤田巷道是一个复杂的三维构造, 巷道本身、巷道内的铁轨、支护等都对巷道激电观测产生严重干扰, 需要区分哪些是干扰异常哪些是目标体异常。

　　巷道三极法迎头超前探测由于观测方式本身的局限性, 迎头超前探测效果并不理想, 因此还应探索新的探测系统及其解释技术。

　　对于巷道顶底板和侧帮的探测, 利用地面传统的高密度电法的探测技术能反映测线所在面外侧的地电信息，而巷道其他方向上的影响较小，如果能消除巷道等环境干扰，就可借助地面成熟的反演解释技术，对巷道超前探测数据进行反演成像。

3.3 巷道顶底板激电超前探测数据的反演解释

巷道激电数据的三维反演将分两步进行：首先进行电阻率反演，在得到模型电阻率后，再进行极化率反演。由于巷道激电的观测空间小，观测的数据信息量也少，而要计算的巷道外围区域网格单元的电性数(模型参数)较多，因此巷道激电的三维反演属欠定问题。为解决欠定问题，并使自动反演效果更精确，将采用先验和约束条件下的最小二乘最优化反演方法。

3.3.1 最小二乘反演方法

大部分的地球物理反问题均是非线性问题，求解非线性问题的方法，其一是将非线性问题线性化，然后求解线性方程组，得到非线性问题的解；其二是直接求解非线性问题。将非线性反演问题简化为线性反演问题，是解决非线性反演问题的一个重要途径和方法。参数置换法和级数展开法是非线性问题线性化的主要方法。下面简要介绍级数展开法。

根据级数理论，任意函数 $f(x)$ 如果满足下列条件：

(1)在点 a 的某邻域 $|x-a|<\delta$ 有定义；

(2)在此邻域内从 1 阶到 $(n-1)$ 阶的导数 $f'(x)$，$\cdots$，$f^{(n-1)}(x)$ 存在；

(3)在点 a 处有 n 阶的导数 $f^n(x)$ 存在；

那么，函数 $f(x)$ 在点 a 的邻域内可以表示为如下的泰勒级数：

$$f(x) = f(a) + f'(a) + \frac{1}{2!}f''(a)(x-a)^2 + \cdots +$$

$$\frac{1}{n!}f^{(n)}(a)(x-a)^n + o(|x-a|^n) \tag{3-4}$$

式中：$o(|x-a|^n)$ 为高阶无穷小，如果仅取前两项作为函数 $f(x)$ 的一阶近似，则

$$f(x) = f(a) + f'(a) + o(|x-a|^n) \tag{3-5}$$

忽略式(3-5)的一阶无穷小，则

$$f(x) \approx f(a) + f'(a) \tag{3-6}$$

如果 x 是 N 维向量，那么

$$f(\boldsymbol{x}) \approx f(\boldsymbol{a}) + \sum_{j=1}^{N} \frac{\partial f(\boldsymbol{a})}{\partial a_j}(x_j - a_j) \tag{3-7}$$

式中：

$$x = \begin{bmatrix} x_1 \\ x_2 \\ \vdots \\ x_n \end{bmatrix}, \quad a = \begin{bmatrix} a_1 \\ a_2 \\ \vdots \\ a_n \end{bmatrix}$$

将式(3-7)应用于非线性地球物理问题，有

$$d_j = d_j^0 + \sum_{i=1}^{N} \left[\frac{\partial f_i}{\partial m_i} \right]^0 \Delta m_i \quad (j = 1, 2, \cdots, M)$$

或

$$\Delta d_j = \sum_{i=1}^{N} \left[\frac{\partial f_i}{\partial m_i} \right]^0 \Delta m_i \tag{3-8}$$

式中：d_j 是第 j 个观测数据，且 $d_j = f(m, \lambda_i)$ $(j = 1, 2, \cdots, M)$ 是一个非线性函数；m 是 N 维模型向量；m_i 是第 i 个模型参数；$\left[\dfrac{\partial f_i}{\partial m_i} \right]^0$ 代表在初始模型 m^0 处第 j 个观测值 f_j(或 d_j)对第 i 个模型参数 m_i 的偏导数；$\Delta m_i = m_i - m_i^0$，为第 i 个模型参数的增量；$\Delta d_j = d_j - d_j^0$ 为第 j 个观测值 d_j 和在 m^0 处的理论数据 d_j^0 之差，即观测数据的增量。将式(3-8)写成矩阵形式，即

$$\Delta d = A \Delta m \tag{3-9}$$

式中：

$$\Delta d = \begin{bmatrix} \Delta d_1 \\ \Delta d_2 \\ \vdots \\ \Delta d_M \end{bmatrix}, \quad \Delta m = \begin{bmatrix} \Delta m_1 \\ \Delta m_2 \\ \vdots \\ \Delta m_N \end{bmatrix}。$$

$$A = \begin{bmatrix} \left(\dfrac{\partial f_1}{\partial m_1} \right)^0 & \left(\dfrac{\partial f_1}{\partial m_2} \right)^0 & \cdots & \left(\dfrac{\partial f_1}{\partial m_N} \right)^0 \\ \left(\dfrac{\partial f_2}{\partial m_1} \right)^0 & \left(\dfrac{\partial f_2}{\partial m_2} \right)^0 & \cdots & \left(\dfrac{\partial f_2}{\partial m_N} \right)^0 \\ \vdots & & & \\ \left(\dfrac{\partial f_M}{\partial m_1} \right)^0 & \left(\dfrac{\partial f_M}{\partial m_2} \right)^0 & \cdots & \left(\dfrac{\partial f_M}{\partial m_N} \right)^0 \end{bmatrix}$$

矩阵 A 为偏导数矩阵，也叫雅克比矩阵。由此可见，将非线性地球物理响应函数线性化，可以得到形如式(3-9)所示的矩阵方程。求解该线性方程组，即可得到模型的改正量 Δm，它含有线性化带来的误差，因此将 Δm 加到起始 m^0 上所得到的并不是真实模型向量，而是一个可能比模型向量更接近于真实模型向量的新向量。重复上述步骤，可能最终得到符合实际的模型向量。

地球物理反演是非线性的、病态的，反演存在多解性和非唯一性。为了解决

反演中的多解性等难题，许多地球物理学家付出了艰辛的努力，也取得了令人满意的结果。其中，比较成功的做法是将光滑约束、先验信息等加入反演算法中，建立基于某种约束的最小二乘反演算法。

非线性问题线性化，并加入光滑约束和已知先验信息，构造出最小二乘反演目标函数：

$$\psi = \| W_d(\Delta d - A\Delta m) \|^2 + \| W_m(m - m_0 + \Delta m) \|^2 \qquad (3-10)$$

式(3-10)等号右端第一项为常规的最小二乘方法，第二项为已知先验信息项。其中Δd（Δd_i，$i = 1, 2, \cdots, N$；N为观测数据个数）为数据残差矢量，其值为实测数据对数值与模型正演计算数据对数值之差；m（m_j，$j = 1, 2, \cdots, M$；M为模型单元数）为预测模型向量，其值为模型参数的对数值；m_0（m_{0j}，$j = 1, 2, \cdots, M$；M为模型单元数）为基本模型向量，其值为模型参数的对数值；A为偏导数矩阵；W_d为观测数据加权矩阵。W_m为光滑度矩阵，也称模型约束矩阵，Sasiki，Zhang，阮百尧等都对W_m进行过讨论。

目标函数式(3-10)对Δm求导，并令其等于零。由于矩阵W_d、W_m是对称阵，故得到以下线性方程组：

$$(A^T W_d^T W_d A + W_m^T W_m)\Delta m = A^T W_d^T W_d \Delta d + W_m^T W_m(m_0 - m) \qquad (3-11)$$

写成迭代形式：

$$m_{j+1} = m_j + \Delta m_j$$
$$= m_j + [(A_j^T W_d^T W_d A_j + W_m^T W_m)]^{-1}[A_j^T W_d^T W_d \Delta d_j + W_m^T W_m(m_0 - m_j)]$$
$$(j = 0, 1, 2, \cdots) \qquad (3-12)$$

式(3-12)便是模型参数带约束条件时的最小二乘反演的迭代形式。

A为偏导数矩阵。在线性化反演过程中，通过利用求电位向量U的线性方程组$KU = S$和求电位偏导数向量U'的线性方程组$KU' = -K'U$之间的关系，引入互换定律并近似求解偏导数矩阵，提高反演速度。

3.3.2 巷道环境影响改正方法

数值模拟结果表明，巷道空腔、铁轨等巷道环境对电流场的影响客观存在，巷道环境影响大小与测线相对位置、巷道几何尺寸以及装置形式密切相关。受巷道环境影响，电阻率异常发生严重畸变，给电阻率法资料解释增加了不少难度甚至造成错误的解释，巷道直流电阻率实测数据解释前必须消除巷道环境影响。因此，寻找能够压制巷道环境干扰引起的假异常、突出有效异常进而准确定位目标异常体的巷道环境改正方法是极其迫切的。

3.3.2.1 近似改正法

在巷道电阻率法勘探中，若按实测电位差和相应的装置系数直接计算视电阻率，即使在巷道围岩介质电性均匀的条件下，巷道电阻率法视电阻率值也不再等于围岩的真实电阻率，而近似等于围岩电阻率与 $k(r, b)$ 的乘积，$k(r, b)$ 为 3.1 节中定义的巷道环境影响系数，即

$$\rho_s = k(r, b)\rho_0 \tag{3-13}$$

3.1 节给出了巷道空腔影响函数的经验公式，巷道空腔影响函数 $k(r, b)$ 是与测线位置、巷道宽度 b 及供电极距 r 相关的函数。因此，可利用该函数对巷道影响进行校正，巷道观测的视电阻率除以巷道空腔影响系数，即可得到消除巷道环境影响后的视电阻率值，这种改正方法采用经验公式而不借助于其他模型，称为近似直接法。

仅考虑巷道空腔影响时，点源场巷道环境影响系数可表示为

$$k(r, b) = \alpha e^{-\beta r} + 1 \tag{3-14}$$

式中：α 是与测线有关的系数，面测线 $\alpha = 1$、角测线 $\alpha = 1/3$；β 是与巷道宽度 b 和测线位置有关的参数，若测线距巷道侧帮距离为 x（图 3-4），那么 $\beta = \begin{cases} 1/(2x) & x \geq b/2 \\ 1/[2(b-x)] & x < b/2 \end{cases}$，因此巷道面中间测线 $\beta = 1/b$，角测线 $\beta = 1/2b$。式 (3-14) 为二极装置 (AM) 的巷道环境影响改正公式。

其他观测装置可看作二极装置 (AM) 的组合，因此可由二极装置推导出其他装置的巷道环境改正函数。对于三极、四极等装置，巷道影响系数可表示为

$$k_{MN} = \frac{\Delta U_{MN}}{\Delta U_{MN_0}} \tag{3-15}$$

式中：ΔU_{MN} 是存在巷道环境时两测量电极间电位差；ΔU_{MN_0} 为相同供电条件下无巷道环境影响测量电极间电位差。

对于三极法，用二极法表示 ΔU_{MN}，得

$$\Delta U_{MN} = U_A(M) - U_A(N) = k^A(M) U_{A0}(M) - k^A(M) U_{A0}(N) \tag{3-16}$$

测量电位差的巷道环境影响系数表示为

$$k_{AMN} = \frac{k^A(M) U_{A0}(M) - k^A(N) U_{A0}(N)}{U_{A0}(M) - U_{A0}(N)} \tag{3-17}$$

式中：$U_{A0}(M)$、$U_{A0}(N)$ 为无巷道环境影响下 A、B 分别供电的正常电位。

设两测量电极间距 $MN = d$，$AM = r$，由式 (3-14) 可得 $k^A(M) = \alpha e^{-\beta r} + 1$、$k^A(r) = \alpha e^{-\beta(r+d)} + 1$，代入式 (3-17)，得

$$k_{AMN}(r, d) = \frac{r+d}{d}(\alpha e^{-\beta r} + 1) - \frac{r}{d}(\alpha e^{-\beta(r+d)} + 1) \tag{3-18}$$

式中：面测线 $\alpha = 1$、$\beta = 1/b$；角测线 $\alpha = 1/3$、$\beta = 1/2b$。式 (3-18) 也同样适用于对称四极装置。

3.3.2.2 比较法

地面电阻率法常采用比较法来对地形影响进行改正，比较法是将野外实测的

视电阻率数据逐点除以相应测点纯地形异常，得到经过改正后的视电阻率曲线，进而对曲线进行解释，纯地形视电阻率异常可通过数值模拟方法获得。

仿照地面电阻率法消除地形影响的方法，同样可使用比较法对巷道环境影响进行改正。在巷道内开展电阻率法，获得的视电阻率为旁侧异常体及巷道环境异常响应的总和，称为总异常，用 ρ_s^C 表示；巷道空腔、轨道等引起的异常称为巷道环境异常 ρ_s^E。用比较法消除巷道环境影响，即是从总异常中消除巷道环境异常，校正后得到的异常可看作巷道周围地质体引起的"真"异常，用 ρ_s^T 表示。

定义巷道影响系数 k_T 为对应极距下总异常与环境异常的比值，即 $k_T = \rho_s^C / \rho_s^E$，巷道影响系数 k_T 与围岩背景电阻率 ρ^B 的乘积即为巷道周围地质体引起的异常 ρ_s^T，即

$$\rho_s^T = k_T \cdot \rho^B \tag{3-19}$$

巷道环境异常 ρ_s^E 的计算需要借助正演计算获得，与近似改正法相比，增加了正演的计算工作量。同样，比较法就是消除巷道本身等已知的影响，也只有当地下模型均匀时，比较法才是完全精确的，用巷道环境电阻率响应对观测数据进行改正并不能完全消除环境影响对解释结果的偏差，其改正误差来源于巷道及周围环境的不均匀性。

3.3.2.3 差值法

差值法的改正思想是从巷道总异常 ρ_s^C 中减去由巷道环境引起的异常 ρ_s^E，得到纯异常 $\Delta\rho$，即 $\Delta\rho = \rho_s^C - \rho_s^E$，纯异常与围岩电阻率 ρ^B 之和为旁侧异常体引起的异常，即

$$\rho_s^T = \Delta\rho + \rho^B \tag{3-20}$$

由于获得的实测巷道总异常是旁侧异常以及巷道环境异常的非线性叠加，而差值法的思想是将总异常分为旁侧纯异常和巷道环境异常的线性组合，这种改正方法势必会给环境影响改正带来误差。

3.3.3 改正效果检验

3.3.3.1 巷道底板对称四极电测深

均匀围岩内存在一巷道，巷道空腔底板对称四极装置视电阻率见表 3-1，使用直接改正法对巷道空腔影响进行改正。改正后（即消除巷道环境影响）视电阻率越接近围岩电阻率值越好。

从表 3-1 可以看到，考察测线上 17 个供电极距，最大改正误差为 4.37%，平均误差为 0.93%，近似法改正效果基本能满足野外 5% 误差要求。

表 3-1　巷道空腔影响近似法改正误差

$AB/2$	2.15	3.16	4.64	6.81	10	14.68	21.54	31.62	46.42
改正前 ρ_s	186.9	181.9	157.1	133.3	119.0	108.8	102.6	100.2	99.6
改正后 ρ_s	99.8	104.4	100.7	98.9	102.7	104.1	101.9	100.2	99.6
误差/%	0.15	4.37	0.68	1.08	2.72	4.05	1.92	0.17	0.43
$AB/2$	68.13	100	146.8	215.4	316.2	464.2	681.3	1000	
改正前 ρ_s	99.6	99.7	99.8	99.9	99.9	100.0	100.0	100.0	
改正后 ρ_s	99.6	99.7	99.8	99.9	99.9	100.0	100.0	100.0	
误差/%	0.43	0.30	0.19	0.11	0.06	0.03	0.02	0.01	

3.3.3.2　低阻立方体三极法剖面观测

巷道大小 4 m×4 m×4 m，巷道底面下方存在体积为 4 m×3 m×3 m、电阻率为 5 Ω·m 低阻立方体，围岩电阻率为 100 Ω·m，立方体中心距离巷道底面 3.5 m；在巷道底面中心布置测线，采用三极剖面法（AMN）进行观测，极距 $AM=2$ m、$MN=1$ m。图 3-15 所示为低阻体三极电剖面法视电阻率及改正曲线。

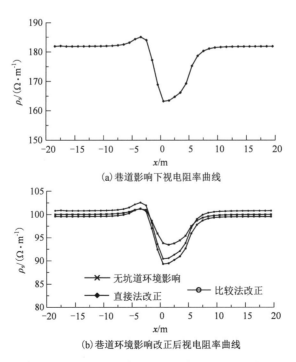

(a) 巷道影响下视电阻率曲线

(b) 巷道环境影响改正后视电阻率曲线

图 3-15　低阻体三极电剖面法视电阻率及改正曲线

图 3-15(a)为巷道空腔影响下模型视电阻率曲线，与图 3-15(b)无巷道环境影响相同异常体的异常曲线相比，视电阻率值变大；图 3-15(b)给出了比较法和直接改正法两种改正结果。对于本例，采用上述两种方法都能较好地对巷道环境影响进行改正，其改正误差见表 3-2。

表 3-2　三极剖面观测环境影响改正误差

方法	最大误差/%	平均误差/%
比较法	4.76	1.02
直接改正法	3.58	1.07

3.3.3.3　高密度电测深

巷道内同时存在轨道和施工机械条件下，设计以下 3 个模型并借助数值模拟的手段，使用比较法、差值法和综合改正法(比较法与差值法平均)对偶极-偶极高密度电测深巷道环境影响进行改正。巷道空腔电阻率取 $1×10^{12}$ $\Omega \cdot m$，巷道周围岩石电阻率为 200 $\Omega \cdot m$，接地轨道电阻率取 5 $\Omega \cdot m$。偶极-偶极装置 $AB = MN = 1$ m，测线方向与巷道走向一致。

模型 1：巷道大小 4 m×4 m×4 m，侧方存在一个 4 m×4 m×4 m 的低阻立方体，电阻率为 10 $\Omega \cdot m$，立方体中心与巷道该侧面的距离为 4 m、中心在测线上的投影位于测线中央，计算剖面为巷道侧帮面测线，测线位于侧面中线、距巷道底面 2 m。

模型 2：巷道侧方同一方向存在两个大小、电阻率均不相同的立方体，立方体 1 体积为 4 m×4 m×4 m、电阻率为 1000 $\Omega \cdot m$，中心距巷道该侧面的距离为 4 m；立方体 2 体积为 2 m×2 m×2 m、电阻率为 10 $\Omega \cdot m$，中心距巷道该侧面的距离为 3 m，两立方体相距 4 m，连线中点在测线上投影位于测线中央，计算剖面为底角测线。

模型 3：巷道侧方和巷道正下方各存在一个立方异常体，巷道侧方立方体大小为 4 m×4 m×4 m、电阻率为 1000 $\Omega \cdot m$，中心距巷道该侧面的距离为 4 m；巷道下方立方体大小为 2 m×2 m×2 m、电阻率为 10 $\Omega \cdot m$，中心距巷道底面的距离为 3 m，计算剖面为底角测线。

图 3-16(a)、图 3-16(c)、图 3-16(e)为巷道环境影响下模型 1~3 旁侧异常体偶极-偶极装置视电阻率断面图，为便于对比，图 3-16(b)、图 3-16(d)、图 3-16(f)分别为 3 个模型无巷道环境影响视电阻率拟断面图。由图 3-16 可知，轨道的影响使异常变得复杂，几乎掩盖了旁侧异常体引起的异常。

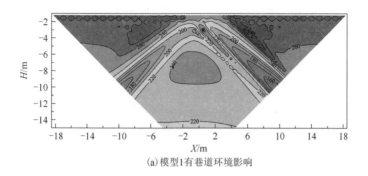

(a) 模型1有巷道环境影响

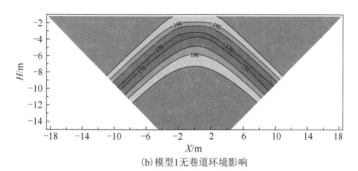

(b) 模型1无巷道环境影响

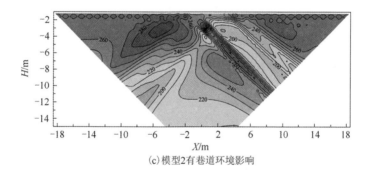

(c) 模型2有巷道环境影响

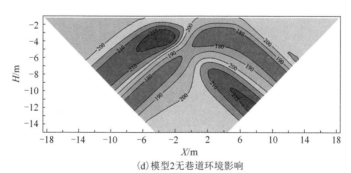

(d) 模型2无巷道环境影响

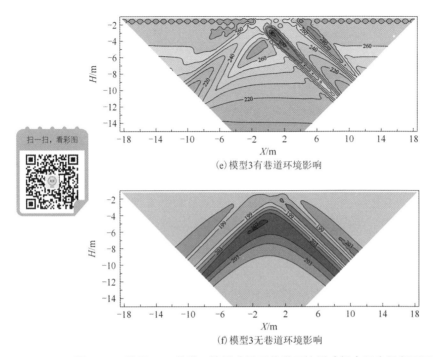

(e)模型3有巷道环境影响

(f)模型3无巷道环境影响

图3-16　模型1~3巷道环境影响及无巷道环境影响视电阻率拟断面图

扫一扫，看彩图

　　采用比较法、差值法、综合改正法对模型1~3巷道环境影响进行校正，校正结果如图3-17所示。将校正结果分别与无巷道环境影响相同异常体异常图3-16(b)、图3-16(d)、图3-16(f)进行比较，图3-17(a)~(c)分别为法消除巷道环境异常影响后模型1低阻体视电阻率异常拟断面图，校正后视电阻率断面图较之图3-16(a)有明显的改观、呈典型的"八"字形，异常形态与无巷道环境影响模型1异常剖面相同[图3-16(b)]；图3-17(d)~(f)为模型2的三种方法校正结果，与校正前异常曲线相比，校正效果明显，异常曲线形态与全空间无巷道影响异常剖面图3-16(d)相同；图3-17(g)~(i)为模型3的校正结果，模型3中异常体位于不同的巷道面外侧，巷道环境干扰下，其结果异常复杂[图3-16(e)]，很难识别旁侧异常体引起的异常，对比图3-17(g)~(i)和图3-16(f)，以上方法也都能获得较好的校正效果。

　　对比以上结果，三种方法都能获得不错的改正效果，特别是比较法改正，能基本还原到接近无巷道环境影响结果。

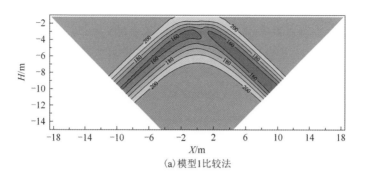

(a) 模型1比较法

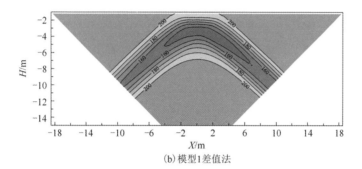

(b) 模型1差值法

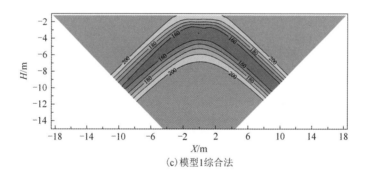

(c) 模型1综合法

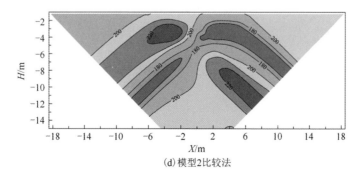

(d) 模型2比较法

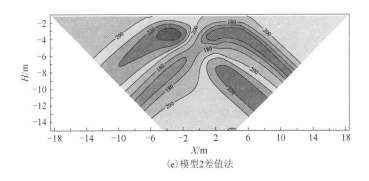

(e) 模型2差值法

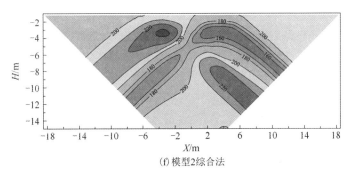

(f) 模型2综合法

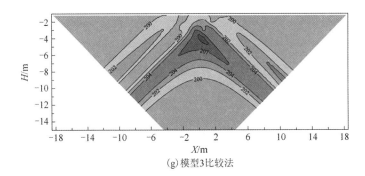

(g) 模型3比较法

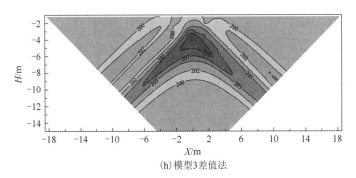

(h) 模型3差值

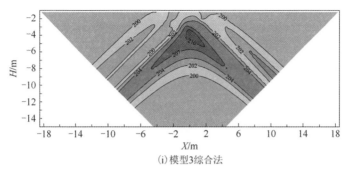

(i) 模型3综合法

图 3-17　模型 1~3 巷道环境影响改正

3.3.4　二维近似反演效果

巷道是典型的三维构造，相比地面探测，巷道工作空间小，可供观测的方位也非常有限。而巷道要探测的外围空间很大，其在解释上存在严重的不适定性和多解性。那么，用有限的巷道观测获取的数据去解译巷道周围的三维构造情况的难度会很大。通过上述分析发现，对于巷道顶底板和侧帮的探测，利用高密度电法探测技术能反映测线所在面外侧的地电信息，而巷道其他方向上的影响则较小；因此，巷道探测可在测线工作面上进行近似二维解释。在消除巷道等环境干扰下，可借助地面成熟的反演解释技术，对巷道超前探测数据进行反演成像。

3.3.4.1　模型合成数据反演

算例一：二维异常体模型合成数据反演

一个二维低阻高极化异常体模型（如图 3-18 所示）：巷道无限长，截面大小 $b \times b = 4 \text{ m} \times 4 \text{ m}$；异常体位于巷道底板下方，走向与巷道走向垂直，截面大小 $a \times a = 4 \text{ m} \times 4 \text{ m}$，异常体中心与巷道底板的距离 $h = 4 \text{ m}$；测线布设在巷道底板中线上，观测装置选用偶极-偶极装置，偶极距为 1 m。

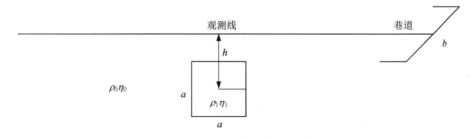

图 3-18　二维异常体模型示意图

由于巷道空腔对小极距的数据影响大，使得小极距观测的视电阻率偏大，因此在视电阻率拟断面图上呈现浅部的高阻层[图 3-19(a)]，经巷道影响改正后，基本消除了巷道本身的影响[图 3-19(b)]。巷道改正前后的数据反演结果更好地诠释了巷道影响。不做改正的视电阻率数据反演结果在浅部明显呈现水平的假高阻层[图 3-20(a)]，而改正后的视电阻率数据反演结果明显改善(图 3-21)，改正后的反演结果对低阻异常的形态、位置等信息也与模型更接近。此外，由于巷道本身无极化异常，不会引起激电假异常，因此改正前后极化率的反演结果差别不大，同地面激电观测一样，巷道本身不引起激电假异常，这也是巷道激电观测的一大优势。

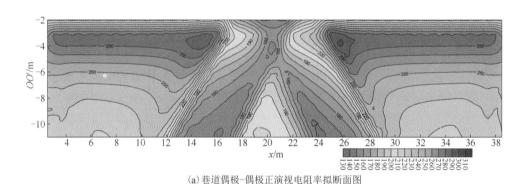

(a)巷道偶极-偶极正演视电阻率拟断面图

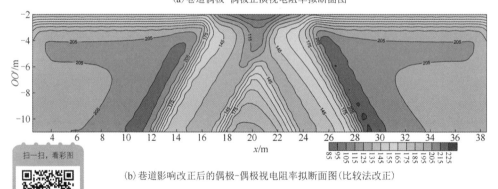

(b)巷道影响改正后的偶极-偶极视电阻率拟断面图(比较法改正)

图 3-19　算例一地电模型视电阻率正演和改正后结果

算例二：三维异常体模型合成数据反演

三维异常体模型应用图 3-13 所示模型及参数，分别反演异常体位于巷道底板下方、顶板上方和侧帮外侧三种情况下的数据，测线统一布置在巷道底板中线上，观测装置为巷道常用的单极-偶极装置(三极法)。

图 3-22 和图 3-23 分别为巷道影响改正前、后的异常体位置不同观测数据的电阻率反演结果。对比不同模型和改正前后的反演结果，可以看到：

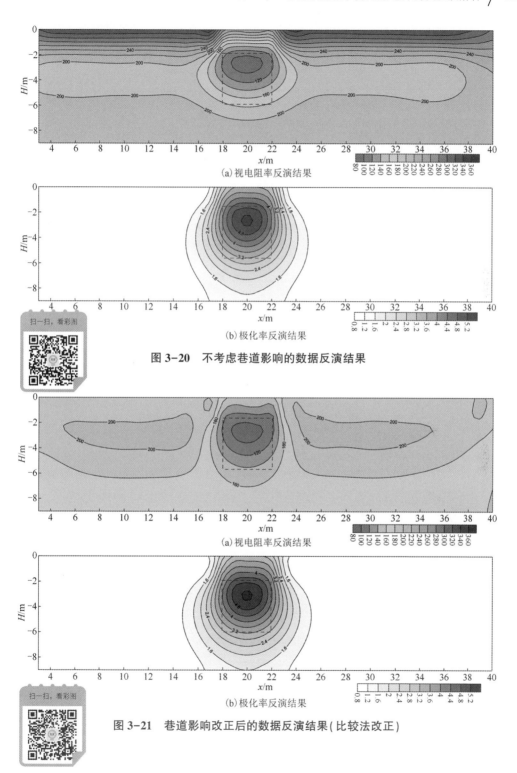

(a) 视电阻率反演结果

(b) 极化率反演结果

图 3-20 不考虑巷道影响的数据反演结果

扫一扫，看彩图

(a) 视电阻率反演结果

(b) 极化率反演结果

图 3-21 巷道影响改正后的数据反演结果(比较法改正)

扫一扫，看彩图

（1）由于采用全空间系数计算视电阻率，巷道本身的影响使得电阻率反演结果浅部出现水平层状的假高阻层。

（2）对于巷道底板探测，对底板下方的异常体探测能取得较好的探测效果，反演结果基本能示出异常体的位置和形态；顶板上方的异常体影响基本可以忽略；但侧帮外侧的旁侧异常体会引起假异常，对底板探测是一种干扰，应引起注意。

（3）巷道影响改正后反演结果没有了浅部的假高阻层，但对异常体深部位置解释偏浅。此外，巷道影响无法消除侧帮外侧的旁侧异常体影响。

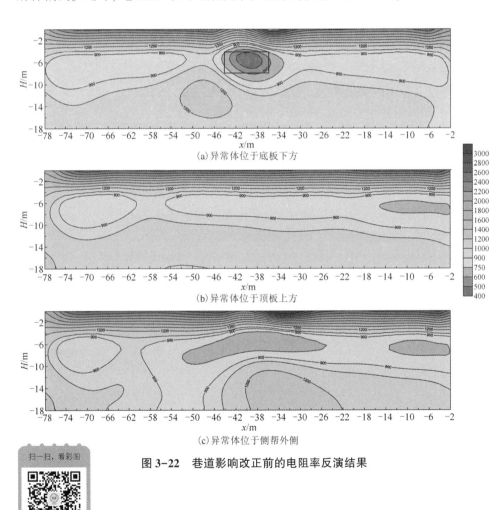

(a) 异常体位于底板下方

(b) 异常体位于顶板上方

(c) 异常体位于侧帮外侧

图 3-22　巷道影响改正前的电阻率反演结果

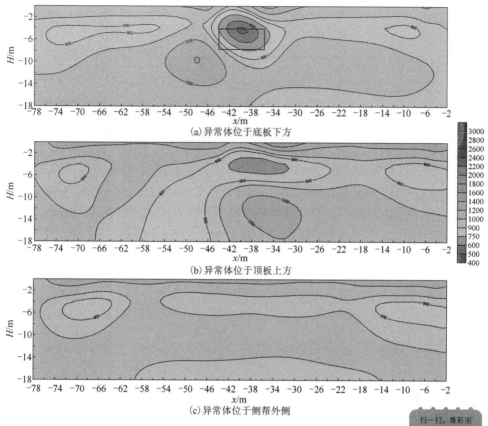

(a) 异常体位于底板下方

(b) 异常体位于顶板上方

(c) 异常体位于侧帮外侧

图 3-23　巷道影响改正后的电阻率反演结果(比较法改正)

3.3.4.2　物理模拟数据反演

1) 巷道模型设计

依据物理模拟相似性原则,在实验室设计巷道物理模型。分析巷道模型,巷道相对于围岩或周围地质体较小,可看作全空间中有限延伸的空硐呈轴对称。为简化模拟,用一平面将巷道及围岩分成上下对称的两部分,根据镜像法原理可用半空间地堑模拟全空间巷道进行实验。图 3-24 为巷道环境及旁侧异常体模型示意图,物理模拟选用土槽,土槽长 150 cm、宽 120 cm、高 80 cm,用黏土作为半空间均匀介质,电阻率约为 65 Ω·m;在土槽中间设计巷道,巷道长 L=120 cm、宽 D=12 cm、半高 H=10 cm,巷道中的金属轨道、施工机械为低阻体,轨道用两根平行直径为 5 mm 的钢筋、施工机械用直径 10 cm 的铜球代替,并将球体与钢筋、钢筋与巷道底面充分接触;作为研究对象的旁侧异常体,高阻异常体设计为 10 cm×10 cm×10 cm 的立方体空腔、低阻为一直径为 10 cm 的铜质金属球。

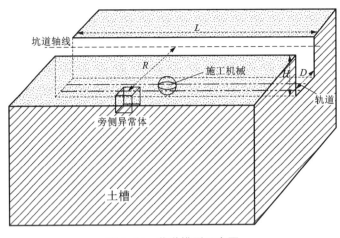

图 3-24 巷道模型示意图

为便于实验结果的对比，需要在上述实验条件下获得均匀半空间中相同大小、相同埋深异常体的异常响应，低阻异常体仍然采用直径为 10 cm 的铜质金属球，而高阻空腔则用 10 cm×10 cm×10 cm 的干燥混凝土块代替。

2)测线布设与测量装置

黄俊革等的研究结果表明，巷道内的金属管道等设备，当延伸方向与测线布置方向相同时，不同位置的电阻率测量断面所受影响的大小不同，与金属管道同一平面上的巷道角测线受到的影响最大。实验的目的是寻找能够削弱或消除巷道环境对旁侧异常体影响的方法，获得的数据理应是巷道内金属轨道、施工机械等和旁侧异常体的总效应，图 3-25(a)所示角测线(离异常体最近的巷道侧面与巷道底面交线)所测得视电阻率异常，既反映巷道面外侧异常体的存在，又包含巷道环境的影响。综合考虑后，本实验选择角测线进行测量。

物理模拟设计测线长 120 cm，旁侧异常体位于巷道轴线中垂线上，异常体中心与巷道轴线的距离为 25 cm。测量采用偶极-偶极装置，如图 3-25(b)所示，偶极-偶极装置的大小由供电和测量偶极的偶极距 $a(AB=MN=a)$ 和隔离系数 $n(n=BM/MN)$ 两种参数确定，取 $a=10$ cm、$n=1\sim10$。用铁钉作为电极，测量过程对于某一固定供电电极 A、B 只需按照图中方向依次移动一个测量电极(即隔离系数 n 不断增大)。当一个供电点观测完成后，则将供电电极向后移动一个点距 a，由小极距向大极距逐次观测，如此循环往复，直到整条测线全部测完。

3)数据处理与解释

根据实验设计布置旁侧低阻球体和高阻空腔，获得巷道环境干扰下旁侧异常体的视电阻率异常，并将该异常与均匀半空间条件下相同尺寸、相同埋深的低阻

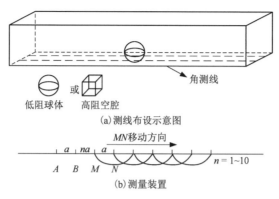

(a) 测线布设示意图

(b) 测量装置

图 3-25 测线布设与测量装置

球体和高阻混凝土块异常剖面进行对比。

图 3-26(a)、图 3-26(b)分别为巷道环境干扰下低阻球体和高阻空腔实测视电阻率拟断面图，忽略土槽均匀性和边界影响，可将它们视为旁侧异常体与巷道环境的综合反映。对比图 3-26(c)、图 3-26(d)均匀半空间条件下异常等值线图，得到实验结果：巷道环境对旁侧异常体的影响较大，旁侧异常体发生了严重畸变，巷道环境引起的假异常埋没了旁侧异常体引起的异常。

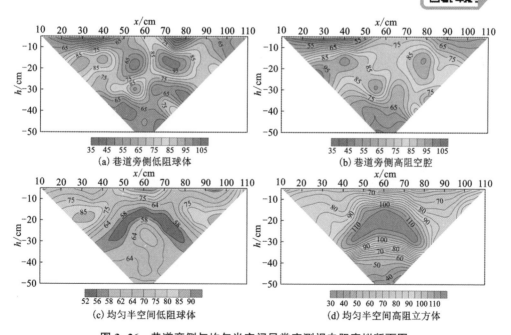

(a) 巷道旁侧低阻球体

(b) 巷道旁侧高阻空腔

(c) 均匀半空间低阻球体

(d) 均匀半空间高阻立方体

图 3-26 巷道旁侧与均匀半空间异常实测视电阻率拟断面图

若要对巷道环境的影响进行消除和改正，则还需要获得巷道内施工机械、轨道等环境异常，即不存在旁侧异常体时的巷道异常。图 3-27 为巷道环境实测视电阻率异常剖面图。

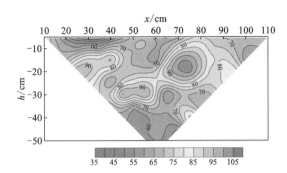

图 3-27　巷道环境实测视电阻率拟断面图

采用二维反演对实测数据进行反演解释，对模型有很好的重建性和适应性。

图 3-28 分别为对应于图 3-26(a)、(b)巷道旁侧存在低阻球体和高阻空腔的实测视电阻率 2.5 维反演结果。反演结果表明，受巷道及巷道内各种设施的影响，直接根据实测视电阻率数据进行资料的定性解释是不准确的，甚至将给出错误的结论，寻找消除巷道环境对旁侧异常影响的改正方法并对改正后的数据进行反演解释是必要的。

图 3-29 分别为差值法、比较法及综合改正法对巷道实测视电阻率的改正结果。对比图 3-26(a)、(b)旁侧异常体存在时实测视电阻率拟断面，图 3-29(a)~(f)所示改正后的电阻率拟断面图呈上窄下宽的"八"字形，与均匀半空间中偶极-偶极装置视电阻率拟断面图相似，较好地反映旁侧低阻体和高阻体的存在。

对经过差值法、比较法及综合改正法改正后的数据进行 2.5 维反演，图 3-30(a)~(c)为消除巷道环境影响后低阻球体的反演结果、图 3-30(e)~(f)为高阻空腔反演结果。

图 3-30(a)~(c)所示低阻异常的中心与模型设计低阻球体球心吻合较好，能较好地确定出异常体的位置。三种方法改正后，反演异常幅度相差不大，低阻异常(电阻率小于 42 Ω·m)等值线呈椭圆形或近似圆形，大体反映出低阻体的规模；图 3-30(e)~(f)经以上三种方法改正后的反演结果显示：高阻异常中心比实验设计高阻空腔中心稍有偏离，沿测线方向约为 5 cm，电阻率大于 75 Ω·m 的高阻异常范围有差别，差值法改正后反演结果高阻异常范围较大、幅值比其他两种方法大。

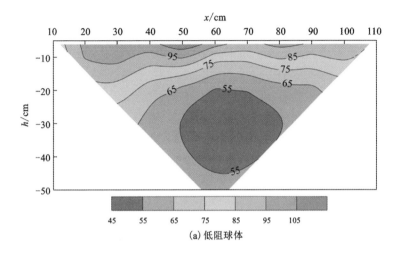

(a) 低阻球体

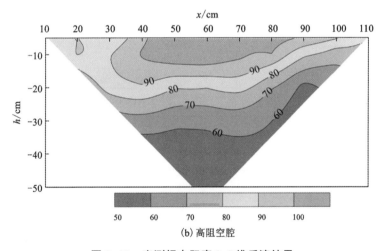

(b) 高阻空腔

图 3-28 实测视电阻率 2.5 维反演结果

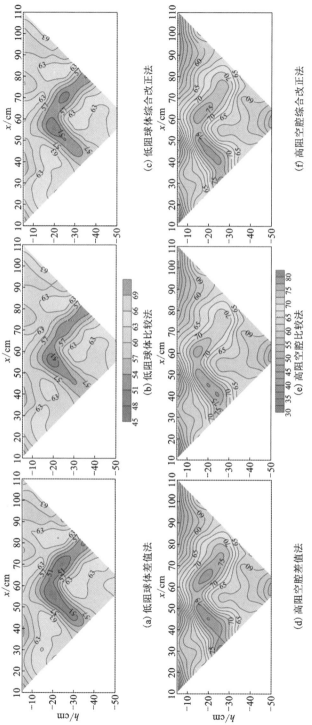

图3-29 巷道环境对旁侧异常体影响的改正结果

扫一扫，看彩图

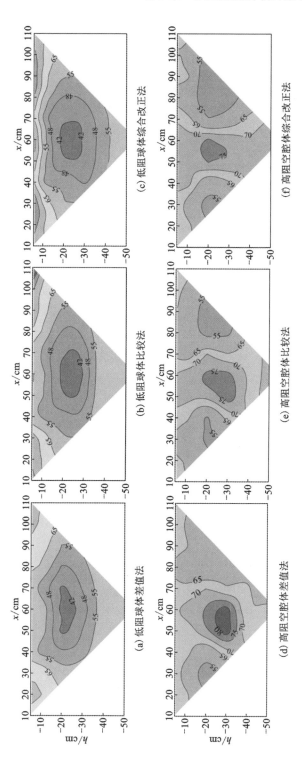

图 3-30 消除巷道影响后数据 2.5 维反演结果

(a) 低阻球体差值法
(b) 低阻球体比较法
(c) 低阻球体综合改正法
(d) 高阻空腔体差值法
(e) 高阻空腔体比较法
(f) 高阻空腔体综合改正法

扫一扫, 看彩图

3.4　本章小结

（1）在三维有限元正演程序基础上，计算分析了巷道本身、巷道干扰、旁侧异常体等对巷道顶底板激电探测的影响规律，并给出了影响的量化关系。

（2）提出了巷道激电观测的改正方法，并用理论模型数据检验改正效果。在此基础上提出最优化最小二乘二维近似反演算法。

（3）用模型合成数据和物理模拟数据对巷道观测的改正方法和反演技术进行验证，并取得了较好的解释效果。

（4）形成了巷道顶底板探测一整套观测、改正和解释技术，对实际工作有指导意义。

第 4 章

巷道迎头电场聚焦超前探测

在煤田巷道等生产施工中,含水断层、含水充泥溶洞、陷落柱、破碎带、软弱地层等不良地质体是主要的安全隐患。这些与水体相关的不良地质体是超前探测的主要内容。客观上讲,巷道超前探测的不良地质体与围岩具有较明显的电性差异,因此,利用电法进行巷道超前探测有较好的理论前提。在巷道超前探测任务中,巷道迎头的超前探测是主要勘探任务之一。本章就巷道迎头聚焦电流超前探测技术进行分析讨论。

4.1　巷道迎头聚焦探测技术

目前,固定点源测深法(或称单极梯度法)是煤田巷道迎头超前探测常用的电阻率法之一。经过十多年的发展,单极-偶极(三极)法巷道超前探测技术也进行了改革,逐步形成三点或多点供电的联合三极超前探测系统。实践证明,联合三极超前探测技术尽管能解决超前探测的某些问题,能取得不错的效果,但也存在一些问题。比如,三极法迎头超前探测获得的异常到底是来自巷道前方还是巷道底板的问题不易判断? 其超前探测的有效距离到底能有多远? 理论模型算例表明,直流电阻率三极测深法超前探测的能力,指出在巷道中用点源三极电阻率法进行超前探测预报的前景并不乐观。

巷道电法最大的困难是难以判断异常体的位置方向,异常解释困难。为此,阮百尧教授曾提出用聚焦电流的方法进行超前探测。聚焦电流法能较好地控制电场的方向性,类似于探照灯原理,适合巷道的特殊环境,其工作原理是同极性电极相互排斥,通过人为地附加一个电场,来迫使工作电场具有一定的方向性,达到"聚焦电流"的目的,进而突出探测方向上目标体的影响。

通过调研,德国 GEOHYDRAULIC DATA 公司推出的一种产品 BEAM(bore tunneling electrical ahead monitoring),它就是一种聚焦电流频率域的激发极化方法,这种仪器在欧洲许多国家都已得到应用,但在我国应用不多。2006 年,笔者有幸参加了四川省凉山彝族自治州木里县和盐源县交界处的雅砻江上锦屏水电站的建设工作，其中租用引进 BEAM 仪器进行了巷道的超前勘测工作。图 4-1 所示为 BEAM 迎头电极布设现场照片，图 4-2 为 BEAM 主机照片。

图 4-1　BEAM 迎头电极布设现场

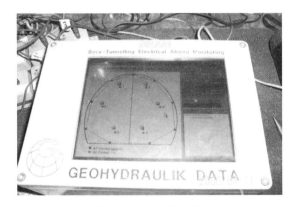

图 4-2　BEAM 主机

BEAM 的巷道超前探测就是利用了聚焦电流的原理，通过布设环状的附加电极，进行电流聚焦超前探测。其工作要求边掘进边探测，观测随巷道掘进的实时电阻率等曲线，通过曲线的对比分析，探测异常体和指导生产。因此，BEAM 巷道超前探测是一种即时的探测技术。

4.2　巷道迎头聚焦探测的有限元正演

4.2.1　有限元正演算法

图 4-3 所示为聚焦电流法工作示意图。在巷道聚焦电法探测中，首先要建立

一个人为附加电场(由电极组 A_0 产生)，然后布设供电或观测电极组 A_1。若有 n 个附加电场电极 $A_{0i}(i=1, 2, \cdots, n)$ 和 m 个供电电极 $A_{1j}(j=1, 2, \cdots, m)$，则整个空间满足的方程归结如下：

$$
\begin{cases}
\nabla \cdot (\sigma \nabla u) = -\left\{ \displaystyle\sum_{i=1}^{n} \left[(4\pi/\omega_{A_{0i}}) I\delta(A_{0i}) \right] + \displaystyle\sum_{j=1}^{m} \left[(4\pi/\omega_{A_{1j}}) I\delta(A_{1j}) \right] \right\} & \in \Omega \\[2mm]
\partial u/\partial n = 0 & \in \Gamma_{\mathrm{s}} \\[2mm]
\partial u/\partial n + u \cdot \left\{ \displaystyle\sum_{i=1}^{n} \cos(r_{A_{0i}}, n)/r_{A_{0i}} + \displaystyle\sum_{j=1}^{m} \cos(r_{A_{1j}}, n)/r_{A_{1j}} \right\} = 0 & \in \Gamma_{\infty}
\end{cases}
$$

$$(4\text{-}1)$$

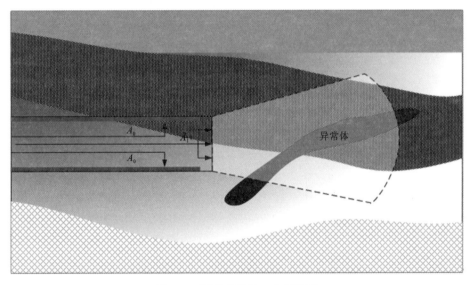

图 4-3　聚焦电流法工作示意图

对式(4-1)用有限单元法求解，与式(4-1)等价的变分问题为：

$$
\begin{cases}
F(u) = \displaystyle\int_{\Omega} \left(1/2\sigma(\nabla u)^2 - \left\{ \displaystyle\sum_{i=1}^{n} \left[(4\pi/\omega_{A_{0i}}) I\delta(A_{0i}) \right] + \right. \right. \\[3mm]
\qquad \left. \left. \displaystyle\sum_{j=1}^{m} \left[(4\pi/\omega_{A_{1j}}) I\delta(A_{1j}) \right] \right\} \right) \mathrm{d}\Omega + \\[3mm]
\qquad 1/2 \displaystyle\int_{\Gamma_{\infty}} \sigma \cdot \left[\displaystyle\sum_{i=1}^{n} \cos(r_{A_{0i}}, n)/r_{A_{0i}} + \displaystyle\sum_{j=1}^{m} \cos(r_{A_{1j}}, n)/r_{A_{1j}} \right] \mathrm{d}\Gamma \\[3mm]
\delta F(u) = 0
\end{cases}
$$

$$(4\text{-}2)$$

式(4-2)的变分问题在第 2 章点源场计算的基础上,运用叠加原理容易实现。

4.2.2　附加电场电极布置

附加电场的作用是产生一个背景场,并且使电场具有方向性,使得电场方向上的地质构造产生更显著的电场扰动。在巷道超前探测中,探测深度、探测位置决定了附加电场电极的布设。通常情况下,巷道超前探测主要了解掌子面前方及其附近的破碎带、水体、地质构造等信息,因此,附加电场电极的布设围绕掌子面进行。

由于巷道环境复杂,电极位置布设往往对电场的影响很大。为了更好地了解电极的位置对探测的影响情况,下面以了解掌子面前方的地质构造信息为例,将电极的布设大致归结为以下三种情况(图 4-4):

(1)电极完全布设在掌子面上;

(2)电极布设在掌子面与巷道壁连接处;

(3)电极布设在靠近掌子面的巷道壁上。

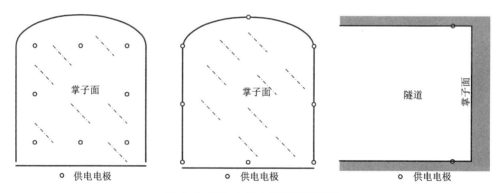

图 4-4　附加电极布设位置示意图

4.2.3　附加电场特征分析

为了研究附加聚焦电场的分布规律,本书以算例模型进行分析研究。设定掌子面的大小为 4 m×4 m,掌子面的顶边中点为坐标 O 点,掌子面巷道掘进方向为 z 方向,水平方向为 x 方向,垂直方向为 y 方向。

下面计算上述三种情况下附加电场情况:①电极完全布设在掌子面上;②电极布设在掌子面与巷道壁连接处;③电极布设在靠近掌子面的巷道壁上。具体如图 4-5 所示。

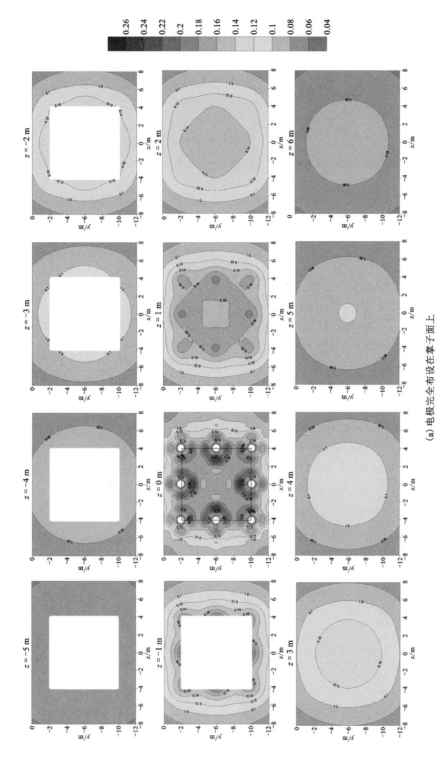

(a) 电极完全布设在掌子面上

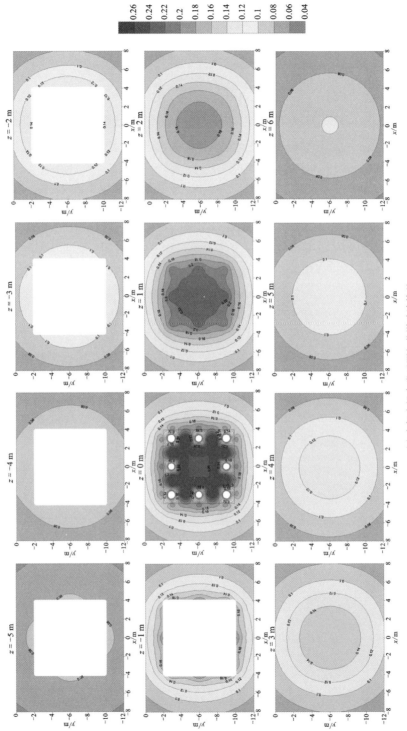

(b) 电极布设在掌子面与巷道壁连接处

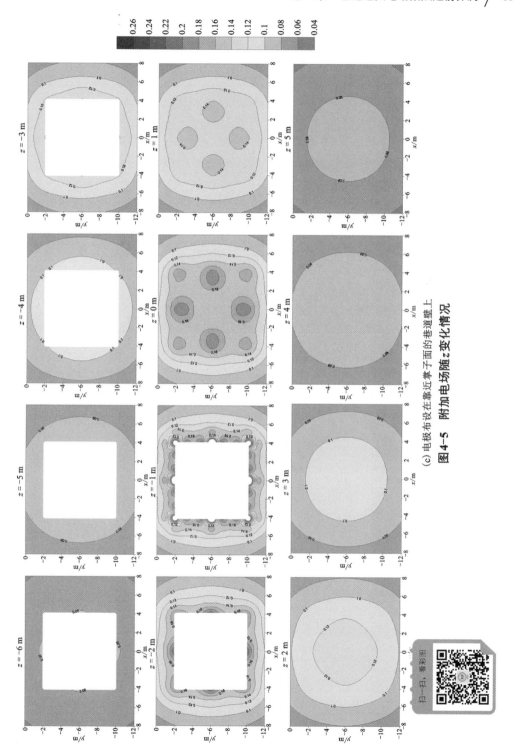

(c) 电极布设在靠近掌子面的巷道壁上

图 4-5　附加电场随 z 变化情况

通过以上3个附加电场情况的计算，可以看出附加电场具有以下几个特征：

(1)附加电场有聚焦作用，能使电极包围的区域电场聚焦；

(2)附加电场具有对称相似性，即以附加电极面为中心，距离附加电极面相同的前、后面上观测的电场具有相似性。以电极布设在掌子面上为例，也就是说掌子面前方 d 处的电场与掌子面后方 d 处的电场形态相似；

(3)附加电场具有衰减特性，即远离附加电极，电场逐渐衰减。

4.3 巷道聚焦电流法超前探测应用

以电极布设在掌子面上为例，下面对巷道聚焦电流法超前探测观测方法、异常解释等进行分析研究。

1.利用附加电场本身进行超前探测

附加电场本身可以进行超前探测，当掌子面前方有水体、断裂等存在时，由于与围岩电性有较大差异，因此会不同程度吸引或排斥电场。因此，当在掌子面上布设环状电极系，而在环状电极包围的范围布设观测电极时，观测电位或电位差随掘进的变化曲线。

图4-6是利用附加电场进行超前探测电极布设示意图，在掌子面上布设8个供电电极，在供电电极包围区设置两个观测电极(M 和 N)，其中，M 位于包围区中央位置。

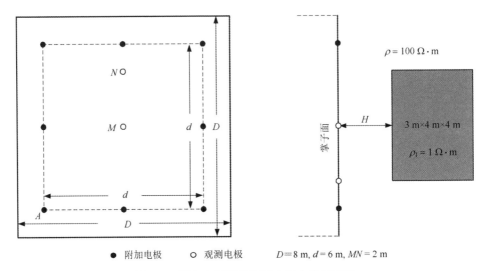

● 附加电极　○ 观测电极　$D=8$ m, $d=6$ m, $MN=2$ m

图4-6　附加电场超前探测电极布设示意图

图 4-7 的计算结果说明：随着巷道掘进，当掌子面逐渐靠近低阻体时，M 点电位迅速下降，而 MN 电位梯度正好相反，呈现迅速增大的趋势。因此，利用 M 点电位、MN 电位差随异常体距离 H 变化的特性规律可进行超前探测。

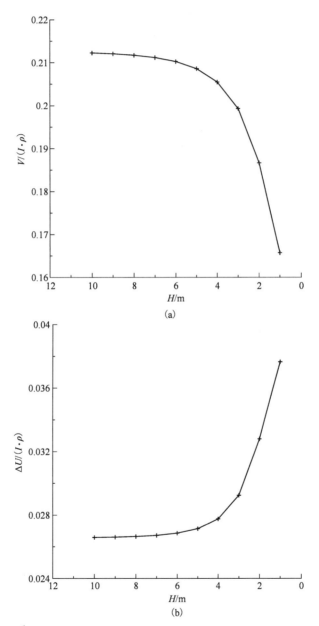

图 4-7　M 点归一化电位(a)和 MN 归一化电位差(b)随 H 变化曲线

2. 利用附加聚焦电场背景布设供电观测装置进行超前探测

附加电场起到了聚焦电流作用，因此，可以在附加电场背景作用下，在掌子面附加电极包围区域布设与附加电场同极性的供点电极。在附加电场背景的作用下，供电电极产生的电场只能向前，以达到探测掌子面前方异常体的目的。因此，可以通过观测掌子面上电位或电位差随开挖进度的变化，来推断解释掌子面前方有水体、断裂等不良异常体存在。

图 4-8 是以附加电场为背景场，在掌子面中央供电进行超前探测电极布设示意图，在掌子面上布设 9 个供电电极，外面环状分布的 8 个供电电极产生的电场为附加电场，在掌子面中央设置一个供电电极，外围给出 8 个观测电极。计算 8 个观测电极的平均电位和 M、N 之间电位差随掘进深度 H 的变化曲线。

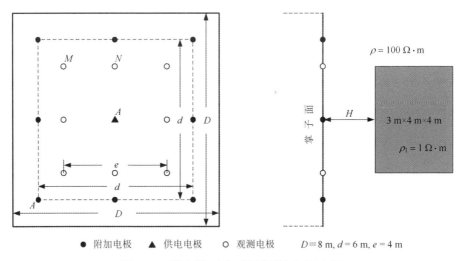

● 附加电极　▲ 供电电极　○ 观测电极　　　$D = 8\ m, d = 6\ m, e = 4\ m$

图 4-8　利用附加电场背景超前探测示意图

图 4-9 的计算结果表明：随着巷道开挖，当掌子面逐渐靠近低阻体时，掌子面上各观测点电位迅速下降，平均电位也具有相同的规律。与仅用附加电场超前探测不同的是，观测电极 MN 电位差也与电位曲线有相同的规律，即掌子面逐渐靠近低阻体时，电位差亦迅速减小。

3. 无穷远电极

上面的论述和计算中，供电电极都是指供电正电极 A(+)，另一个供电负电极 B(-) 被假定为放置在无穷远。在巷道超前探测实际中，通常情况下无穷远电极只能放置在已开挖的巷道中。理论计算结果表明，无穷远(B-)电极距离掌子面的距离一般大于 10 倍的掌子面的直径即可。

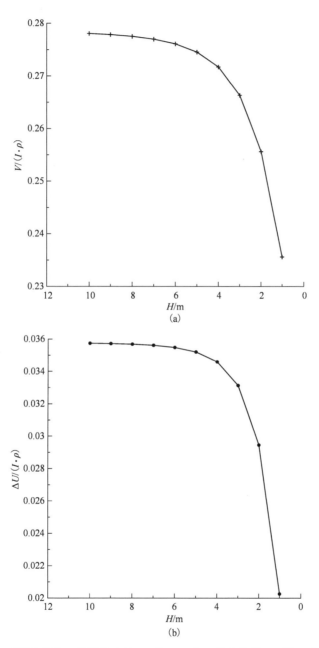

图 4-9　观测电极归一化平均电位(a)和 *MN* 归一化电位差(b)随 *H* 变化曲线

4.异常解释与分析

通过上述的分析，聚焦电流法巷道超前探测得到的异常曲线简单，易于理解和解释。异常曲线的主要特征为：

（1）当仅使用环状的附加电场工作时，随着掌子面靠近低阻不良地质体，在掌子面上观测到的电位逐渐减小，而电位差逐渐增大。

（2）当用附加电场作为背景场，在掌子面上环状附加电极内供电进行观测时，随着掌子面靠近低阻不良地质体，在掌子面上观测到的电位和电位差都逐渐变小。

因此，利用电位和电位差曲线的上述特征可判断掌子面前方是否存在和接近不良地质体。利用环状的聚焦附加电场可屏蔽掌子面旁侧的干扰，达到巷道迎头更佳的超前探测效果。但是，由于巷道迎头的聚焦探测供电观测极距小，超前的探测距离有限，因此，这种聚焦探测可作为一种即时巷道迎头探测技术，适合在施工中边探边掘进。

第 5 章
巷道 U 形探测及近似反演解释

目前，煤田巷道直流电法迎头超前探测应用最广的是组合固定点源三极法探测技术。其原理是巷道内的点源场可近似看作球对称的场，那么在巷道迎头附近供电，在巷道迎头后方距离供电点 L 处的电场应该与巷道迎头方向 L 处的电场特征相似，所以，在迎头后方观测就应该能反映迎头前方的电性变化情况。具体操作是将多个(通常三个)等间隔的独立供电点源布设在巷道迎头附近的底板上，另一个供电电极置于无穷远处，在巷道底板沿迎头反方向布设观测电极 M、N，逐点移动观测。利用多个供电电极的目的是增加观测的可靠性，最后通过分析观测的视电阻率异常特征来推测迎头前方的电性变化。

固定点源三极法巷道迎头超前探测技术是建立在理想的巷道顶底板和侧方没有其他干扰的情况下，因此探测效果依赖于诸多因素，存在着巷道旁侧干扰大，解释困难等不足。下面从电场的角度分析巷道迎头超前探测问题：巷道迎头超前探测的目标异常体位于巷道迎头前方，因此观测电极应布设在巷道迎头附近，以尽可能地观测到迎头前方的异常；极距越大，超前探测的距离越远，因此供电电极只能沿巷道向迎头后方移动观测。

传统供电观测上，适合巷道迎头超前探测的主要有单极-偶极和偶极-偶极观测方式(如图 5-1 所示)。即对于单极-偶极观测而言，一个供电电极 B 置于无穷远处，可以移动观测电极(M、N)，也可以移动供电电极(A)。对于偶极-偶极观测而言，供电观测电极既可以放置于巷道迎头，也可布设在巷道两个侧帮和底板上。

由于巷道空间的限制，传统的单极-偶极(三极)、偶极-偶极等巷道迎头超前探测效果有待提高。聚焦探测是利用同极性电极相斥的电场聚焦效应，压制巷道旁侧的干扰影响，突出巷道迎头前方的探测效果。为进一步实现巷道迎头前方的反演成像，需要利用巷道顶底板或侧帮进行联合探测，即形成 U 形的观测系统(图 5-2)，进行综合反演解释。

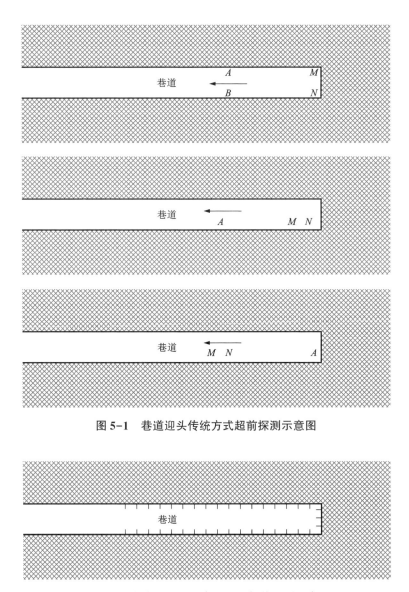

图 5-1   巷道迎头传统方式超前探测示意图

图 5-2   巷道迎头 U 形电极排列超前探测示意图

5.1   巷道 U 形探测观测系统设计

由于巷道内观测的局限性，为尽可能地获取迎头前方的地电信息，接收电极（M、N）应尽量布设在靠近迎头的地方；而为了加大其超前探测的距离，供电电极

（A、B）只能布设在迎头后方巷道中以增大供电极距。因此，形成如图 5-3 所示的 U 形巷道迎头超前探测系统。

然而，由于供电电极在巷道中移动观测，巷道旁侧不均匀体引起的异常信息是对超前探测的干扰，如果不考虑这些干扰，就会把巷道旁侧的信息误判为巷道迎头前方的异常，造成错误的解释。因此，不能把巷道迎头的超前探测和巷道旁侧的探测两者独立开来，应进行联合探测与解释。另外，对比巷道和地面激电观测，可清楚看到尽管巷道是典型的三维地电结构，但在观测方式、观测信息量以及探测效果等方面，巷道探测还无法做到像地面的三维观测与解释体系，还只能是以二维的剖面观测和解释为主。

第 3 章的研究结果表明，巷道侧方和顶底板布设电极，观测的异常信息主要反映的是来自电极布设面方向的电性异常。因此，为了便于解释，巷道 U 形探测分两步进行：①分别在巷道两个侧帮上布设电极并进行独立的观测，独立完成两个侧帮的反演解释；②在迎头布设观测电极，供电电极在侧帮上同步向后方移动观测，利用侧帮的反演结果作约束，完成迎头前方的反演解释。图 5-3 所示为巷道 U 形探测示意图。

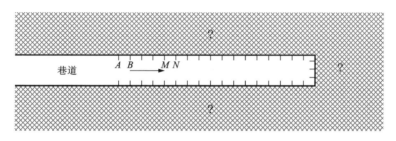

图 5-3 巷道 U 形探测示意图

5.2 约束最小二乘最优化反演算法

第 3 章给出的最小二乘约束反演仅考虑了初始模型约束简单的情况，对于巷道 U 形探测，由于在两个巷道侧方和迎头多方向进行探测，且巷道侧方和迎头前方的异常相互叠加，故其异常更为复杂。分析已知条件和主次要因素，可以看到，巷道 U 形探测可先利用背景等已知信息，对巷道侧帮的数据进行反演解释；然后再利用反演结果作为巷道迎头探测数据的先验信息，进行反演解释。另外，不同区域对观测数据的贡献不同，通常供电和观测电极附近区域对观测数据的影响大，而远离供电和观测点的区域影响小，根据这一特点，还可以把反演区域缩小，仅对供电、观测一定范围区域内的网格参数进行反演，以加快反演计算。

利用约束条件，巷道激电电阻率反演问题的目标函数可总结为：

$$\varphi_\rho = \| W_d [D - F(M)] \| + \lambda_1 \| M - M_{b1} \| + \lambda_2 \| M - M_{b2} \| + \lambda_3 \| CM \|$$

式中：W_d 为数据的拟合差矩阵；D 为数据向量(取实测的视电阻率对数)；F 为由模型 M 向量(取模型单元的电阻率对数)正演计算得到的数据向量；M_{b1} 为已知的背景模型向量；M_{b2} 为由其他方法得到的背景模型向量(如巷道迎头数据反演时，巷道顶底板和侧帮反演结果当作是背景)；C 为光滑度矩阵；λ_1、λ_2 和 λ_3 为 Lagrange 乘数。

巷道激电极化率(频散率)反演问题的目标函数可总结为：

$$\varphi_\eta = \| W_d (\eta_s - A\eta) \| + \lambda_1 \| \eta - \eta_{b1} \| + \lambda_2 \| \eta - \eta_{b2} \| + \lambda_3 \| C\eta \|$$

式中：η_s 为实测的视极化率(视频散率)向量；η 为极化率模型向量(模型单元的极化率或频散率)；η_{b1} 为已知的背景模型向量；η_{b2} 为由其他方法得到的背景模型向量；A 为偏导数矩阵。在线性化反演过程中，通过利用求电位向量 U 的线性方程组 $KU=S$ 和求电位偏导数向量 U' 的线性方程组 $KU'=-K'U$ 之间的关系，引入互换定律并近似求解偏导数矩阵，提高反演速度。

5.3　巷道迎头 U 形探测异常及近似反演解释

巷道迎头 U 形探测需要借助巷道侧方和顶底板布设电极。下面，分析 U 形探测的异常特征和近似解释方法。

5.3.1　巷道迎头 U 形超前探测的异常特征

第 3 章已对当前常用的巷道底板三极法迎头超前探测技术进行了异常的分析和描述。由分析得出，底板三极法巷道迎头的超前探测效果不佳的主要原因是巷道本身的影响和观测系统本身所致。

图 5-4 为背景电阻率为 1 Ω·m，巷道空腔电阻率为 10^{12} Ω·m，巷道界面大小为 4 m×4 m 地电模，仅巷道影响下底板三极法视电阻率观测曲线。可以看到，由于供电电极靠近巷道迎头，巷道本身的影响将引起在小极距时会观测到低阻异常，称之为巷道效应，随着极距的增大，观测视电阻率会略高于背景电阻率，并最终趋于背景电阻率。影响较大的范围是极距(AO)小于 2 倍巷道宽度的小极距观测。对于存在异常体等复杂情况，观测视电阻率将是巷道本身和异常体的异常叠加，单纯依靠曲线异常特征进行巷道前方的判定和解释是比较困难的。

图 5-5 所示为巷道迎头偶极探测示意图。巷道迎头的偶极探测类似于地面上的赤道偶极排列方式，在巷道迎头布设观测电极 M、N，而供电电极在巷道后方逐点移动观测。采用该方式是为了尽可能地获取迎头前方的异常信息，并配合巷道侧帮和顶底板的探测进行综合解释。图 5-6 给出了迎头前方存在异常体情况

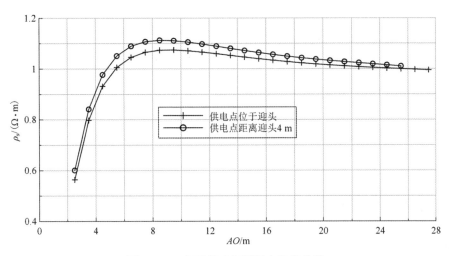

图 5-4　三极法迎头探测视电阻率曲线

下的视电阻率结果对比(巷道模型大小同图 5-4,背景电阻率为 1 Ω · m,异常体位于巷道迎头正前方,大小为 4 m×4 m×4 m,异常体电阻率比背景电阻率少一个数量级,即 0.1 Ω · m),可以看到,三种不同模型的视电阻率曲线特征具有相似性,同上述的三极法曲线形态相似,在靠近迎头小极距同样观测到明显低阻异常,主要是巷道本身的影响所致。对比低阻异常体距离迎头远近等不同情况,低阻异常体越靠近迎头,视电阻率曲线越缓,斜率越小,视电阻率曲线整体偏低,说明异常体对观测视电阻率的影响是整体性的,因此,单从视电阻率曲线特征判定异常体的距离位置是很困难的。

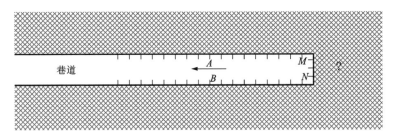

图 5-5　巷道迎头偶极探测示意图

图 5-7 是图 5-6 模型下,低阻异常体极化率 20% 情况下的视极化率计算结果。可以看到,迎头偶极观测方式下,迎头前方低阻高极化异常体引起了明显的负视极化率异常,高极化体越接近迎头,测得的视极化率异常越明显,且负极化

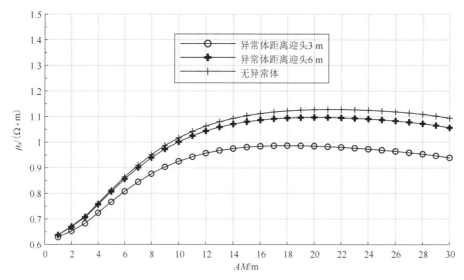

图 5-6　偶极法迎头探测视电阻率曲线

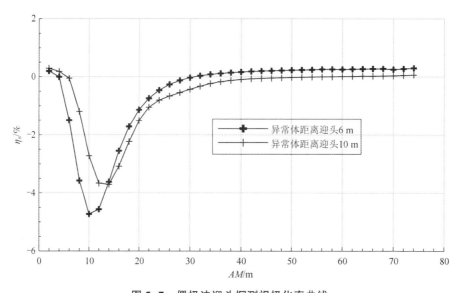

图 5-7　偶极法迎头探测视极化率曲线

率异常的极大值对应的偶极距也越小，换话句说，即是视极化率极大值对应极距（$AM_{\eta_s(\min)}$）大小与异常体中心距迎头的距离（D）成正比关系，算例表明$D \approx AM_{\eta_s(\min)}$。

5.3.2 巷道迎头 U 形探测的近似反演

从上述巷道迎头异常特征分析可以看到，无论是三极法还是偶极探测方式，巷道迎头探测结果是巷道本身、巷道侧方和迎头前方等多方位异常的综合影响，因此，三极法和偶极法巷道迎头的探测解释多解性严重，需要考虑电极布极方向的影响以进行综合分析解释。

下面，从观测和解释角度分析巷道 U 形探测技术。众所周知，地面剖面探测一般以直线布设为主，这样以保证观测场的规律性，便于解释和分析。而巷道 U 形探测测线在迎头折回，因此电极布设是沿对立的两个巷道面折回呈"U 字形"布设。设想，如果在一个巷道面供电，而在其对立的巷道面观测，由于巷道本身的三维效应，不利于探测和分析解释。因此，U 形探测中把两个巷道面分别考虑，即仅考虑供电观测同位于一个巷道面的数据进行解释，而近似忽略对立面的影响，这样就大大简化了分析解释的难度。对于迎头 U 形探测数据的反演，将综合利用巷道面供电，迎头观测的数据，在两个巷道观测面解释结果的基础上，进行约束反演。

设计两个理论模型，并进行三维正演计算合成观测数据，然后对合成数据进行剖面的二维近似反演解释，检验反演效果。

模型：如图 5-8 所示，在巷道顶板、底板和迎头方向各赋存一隐伏低阻高极化异常体，巷道、异常体的大小及参数如下：$a = 4$ m，$D = 4$ m，$h_1 = 6$ m，$h_2 = 4$ m，$h_3 = 4$ m，$x_1 = 10$ m，$x_2 = 15$ m；$\rho_0 = 1000\ \Omega \cdot m$，$\eta_0 = 1\%$，$\rho_1 = 10\ \Omega \cdot m$，$\eta_1 = 10\%$。

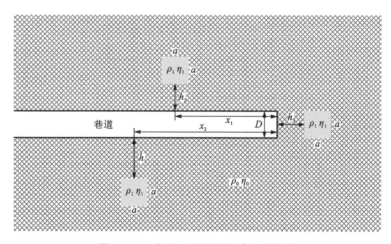

图 5-8 三极法迎头探测视电阻率曲线

计算两种模型情况：第一种是异常体为二维模型形态，异常体走向垂直于探测断面；第二种情况是异常体为三维立方体模型，异常体正对应于巷道外侧和前方。对两种模型进行三维正演计算，合成三极法观测数据，然后对合成数据进行剖面的二维近似反演解释。

图 5-9 ~ 图 5-12 所示为二维模型结果。反演结果表明：对于顶底板面上的探测，仅利用巷道顶底板的观测数据用二维近似反演能基本还原异常体的赋存位置和形态(图 5-9 和图 5-10)，进一步说明迎头前方的异常体对顶底板观测影响不大，是基本可以忽

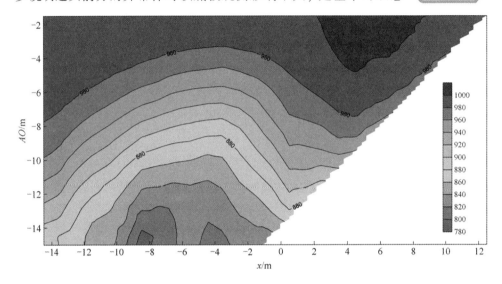

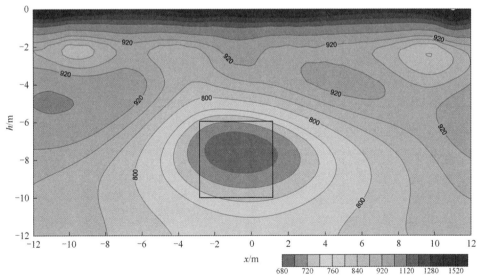

图 5-9　二维模型下巷道底板视电阻率拟断面图和二维近似反演结果

略的。反过来，巷道旁侧异常严重影响了迎头观测数据，因此单一利用迎头观测视电阻率和视极化率数据对迎头前方进行超前解释，往往把旁侧的异常误认为是前方异常，造成错误解释，但利用巷道顶底板和迎头观测数据联合解释，提高了反演效果。特别对巷道迎头的超前探测，电阻率反演结果很好地再现了前方异常体的形态和位置(图 5－11)。但由于巷道观测的原因，极化率的反演效果(图 5-12)明显比电阻率的反演效果要差。

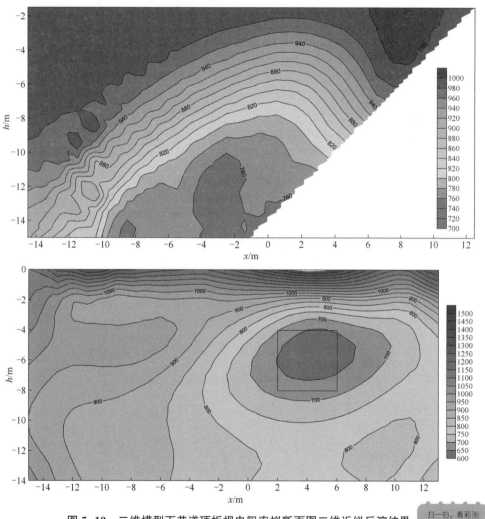

图 5－10　二维模型下巷道顶板视电阻率拟断面图二维近似反演结果

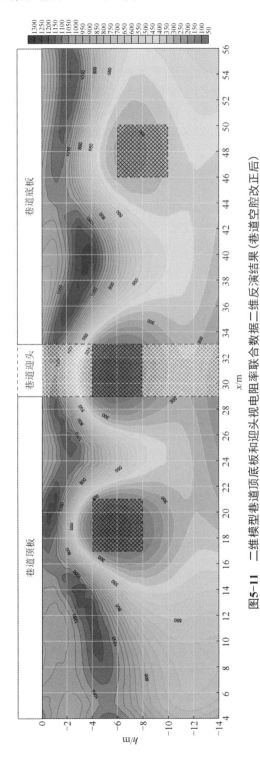

图5-11 二维模型巷道顶底板和迎头视电阻率联合数据二维反演结果 (巷道空腔改正后)

扫一扫，看彩图

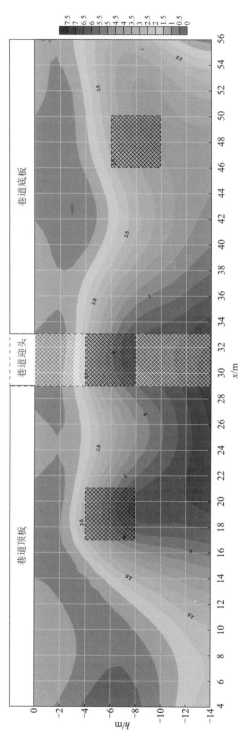

图5-12　二维模型巷道顶底板和迎头联合视极化率数据二维反演结果（巷道空腔改正后）

扫一扫，看彩图

　　图5-13~图5-16所示为三维模型结果。由此可以看到：对于三维模型，巷道顶底板探测正演结果(图5-13和图5-14)仍观测到明显的电阻率和激电异常；仅利用巷道顶底板的观测数据二维反演基本能正确反演异常体的水平位置，而深度和形状大小上与异常体实际情况相差较大，反演示出的异常体的深度位置明显偏浅，分析原因，主要是由于与二维异常体相比，三维异常体规模小，观测的激电异常也小，再加上用二维反演算法是建立在二维模型正演基础上的，本身正反

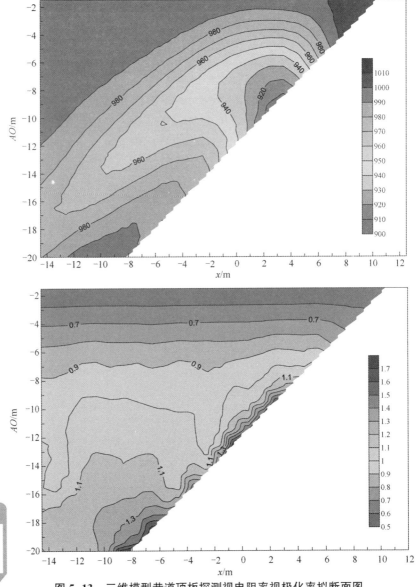

图5-13　三维模型巷道顶板探测视电阻率视极化率拟断面图

演是不对等的，另外反演的多解性导致异常解释偏浅和偏小；极化率的反演结果也基本反映了异常体的存在，但位置和形态扭曲严重。此外，对于底板的探测，由于底板下方异常体埋深较大，观测异常小，迎头前方的异常体引起的观测异常在底板数据的反演中体现出来，在靠近迎头附近下方呈现低阻高极化假异常，在解释时应加以注意。同样，由于三维正演、二维反演的不对等性，顶底板和迎头观测数据的综合数据反演结果显示了同单独巷道顶板、底板数据反演结果类似的特征，异常体水平位置指示清楚，深度偏浅，迎头前方的成像结果显示整体电阻率偏低，没能对异常体完整成像，反而在迎头两侧呈现出两个低阻的假异常。图 5-17 为巷道空腔改正后，三维模型巷道顶底板和迎头联合视极化率数据二维反演结果。

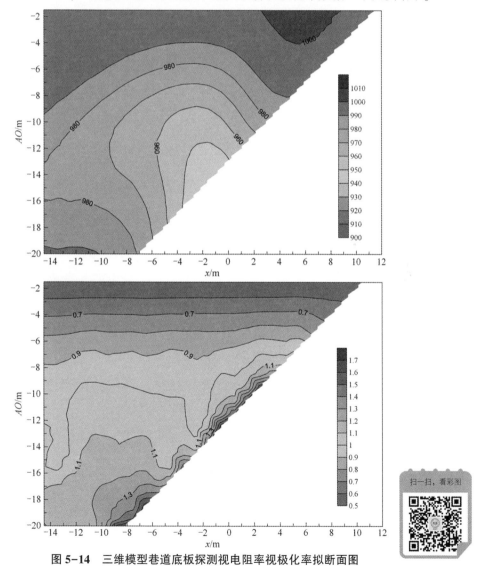

图 5-14　三维模型巷道底板探测视电阻率视极化率拟断面图

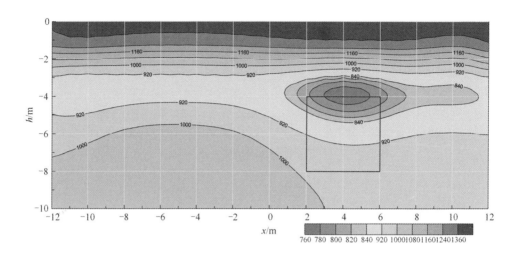

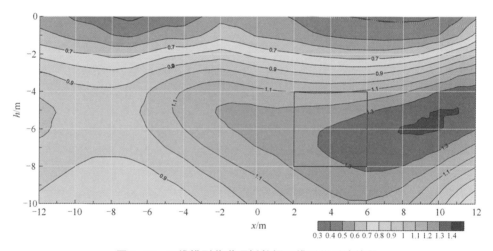

图 5-15 三维模型巷道顶板数据二维近似反演结果

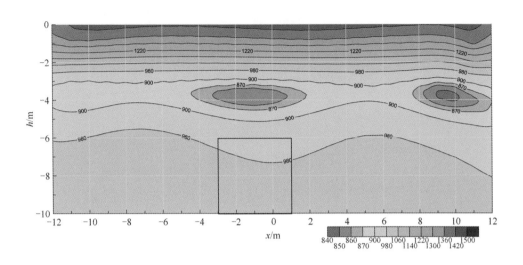

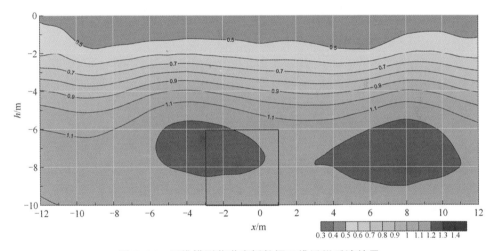

图 5-16　三维模型巷道底板数据二维近似反演结果

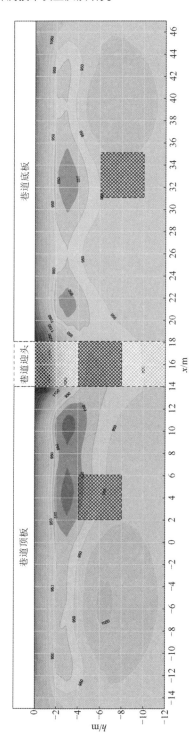

图5-17 三维模型巷道顶底板和迎头联合视极化率数据二维反演结果（巷道空腔改正后）

5.4　本章小结

　　巷道 U 形探测是巷道特殊观测条件下的探测技术,是对现有三极法等常用巷道超前探测技术的延伸和发展。计算表明,巷道侧方和顶底板上布设电极观测的异常信息主要反映来自电极布设面方向的电性异常变化,相比之下,巷道迎头前方的信息量少。巷道 U 形探测的目的就是充分利用巷道侧方和迎头探测的客观差异,进行综合解释,以提高对迎头超前探测效果。

　　算例表明,巷道 U 形探测数据的二维近似反演对巷道侧方能获得较好的结果,利用侧方结果约束联合解释能对迎头前方进行反演成像。特别对于典型二维异常体,剖面反演效果基本能再现异常体的位置、大小和电性特征。

第 6 章

主要结论和建议

6.1 主要结论

本书针对煤田、矿山等巷道特殊的观测环境，超前探水、探陷落柱和构造裂隙等不良地质体探测的关键技术问题，应用有限元数值模拟和最优化反演技术，探索和研究巷道激电三维全方位超前探测技术和正反演解释方法。本书的主要研究工作和成果体现在：

（1）推导了针对巷道激电的三维复杂条件下异常电位的有限元计算方法，讨论了巷道规则网和放射状网格的剖分方法，推导了边界积分计算，应用四面体剖分技术，以模拟任意复杂的地电模型，提高了计算精度。

（2）分析了三维电场有限元正演形成的系数矩阵元素分布规律，给出了用 MSR 压缩存储矩阵非零元素代码，大大减少了内存消耗，并用 SSOR-PCG 迭代法求解方程，在 PC 机上实现了快速、高效、正确的三维模拟计算。

（3）在三维有限元正演基础上，计算分析了巷道本身、巷道干扰、旁侧异常体等对巷道顶底板激电探测的影响规律，并给出了影响的量化关系和改正方法，并用理论模型数据检验改正效果，形成一套集巷道顶底板探测的观测、改正和解释于一体的技术，对实际工作有指导意义。

（4）利用聚焦附加电场可屏蔽掌子面旁侧的干扰，达到巷道迎头更佳的超前探测效果。但由于巷道迎头的聚焦探测供电观测极距小，超前的探测距离有限，聚焦探测可作为一种即时巷道迎头探测技术，适用于在施工中边探边掘进。

（5）巷道 U 形探测技术是对现有三极法等常用巷道超前探测技术的延伸和发展。巷道 U 形探测可充分利用巷道侧方和迎头探测的客观差异，进行综合解释，能提高迎头超前探测效果。算例表明，巷道 U 形探测数据的二维近似反演对巷道侧方能获得较好的结果，利用侧方结果约束联合解释能对迎头前方进行反演成像。

6.2　问题与建议

本书尽管在巷道激电超前探测三维正反演方面取得了一些成果，但仍然存在许多不足和尚未完成的工作：

(1)巷道激电超前探测的正反演算法有待进一步优化和完善。

(2)开发巷道激电超前探测正反演软件，并推广应用。

(3)加强巷道探测的电性各向异性的正反演研究。

由于笔者学识浅薄，书中如有不妥之处，敬请各位专家批评指正。

参考文献

[1] 赵永贵,刘浩,孙宇,等.隧道地质超前预报研究进展[J].地球物理学进展,2003,18(3): 460-464

[2] 王齐仁.灾害地质体超前探测技术研究现状与思考[J].煤田地质与勘探,2005,33(5): 65-69

[3] 张平松,吴健生.中国隧道及井巷地震波法超前探测技术研究分析[J].地球科学进展, 2006,21(10):1033-1038

[4] 方建立,应松,贾进.地质雷达在公路隧道超前地质预报中的应用[J].中国岩溶,2005, 24(2):160-163

[5] 黄俊革,王家林,阮百尧.坑道直流电阻率法超前探测研究[J].地球物理学报,2006, 49(5):1529-1538

[6] 毛永欣,解海军.煤矿巷道超前探测技术及应用[J].煤炭技术,2009,28(9):149-150

[7] Andisheh Alimoradi, Ali Moradzadeh, Reza Naderi, et al. Prediction of geological hazardous zones in front of a tunnel face using tsp-203 and artificial neural networks[J]. Tunnelling and Underground Space Technology, 2008, 23:711-717

[8] Jiang Z H, Yue J H, Yu J C. Experiment in metal disturbance during advanced detection using a transient electromagnetic method in coal mines[J]. Mining Science and Technology, 2010, 20 (6):861-862

[9] 姜志海,焦险峰.矿井瞬变电磁超前探测物理实验[J].煤炭学报,2011,36(11): 1852-1857

[10] 刘斌,李术才,李树忱,等.隧道含水构造直流电阻率法超前探测研究[J].岩土力学, 2009,30(10):3093-3101

[11] 韩德品,李丹,程久龙,等.超前探测灾害性含导水地质构造的直流电法[J].煤炭学报, 2010,35(4):635-639

[12] 王松,严家平,刘盛东,等.直流电法超前探测系统与数据处理[J].煤炭技术,2010, 29(4):131-134

[13] 胡雄武,张平松.深部矿井电阻率法超前探测多极偏移处理与应用[J].安徽理工大学学报(自然科学版),2010,30(1):21-24

［14］程久龙，王玉和，于师建，等.巷道掘进中电阻率法超前探测原理与应用［J］.煤田地质与勘探，2000，28(4)：60-62

［15］岳建华，刘树才，刘志新.巷道直流电测深在探测陷落柱中的应用［J］.中国矿业大学学报，2003，32(5)：479-481

［16］刘斌，李术才，李树忱，等.隧道含水构造电阻率法超前探测正演模拟与应用［J］.吉林大学学报(地球科学版)，2012，42(1)：246-253

［17］刘海桐，朱鲁，翟培合.高密度电法在煤矿巷道超前探测中的应用［J］.山东煤炭科技，2011，5：1-3

［18］李术才，刘斌，李树忱，等.基于激发极化法的隧道含水地质构造超前探测研究［J］.岩石力学与工程学报，2011，30(7)：1297-1309

［19］聂利超，李术才，刘斌，等.隧道激发极化法超前探测快速反演研究［J］.岩土工程学报，2012，34(2)：222-229

［20］FLORSCH Nicolas，LLUBES M，TEREYGEOLF，et al. Quantification of slag heap volumes and masses through the use of induced polarization：application to the Castel－Minier site ［J］. Journal of Archaeological Science，2011，38(2)：438-451

［21］王建历，阮百尧，李长伟，等.坑道环境对电阻率测深影响的模型试验［J］.桂林理工大学学报，2011，31(1)：39-44

［22］阮百尧，邓小康，刘海飞，等.直流电阻率超前聚焦探测新方法研究［J］.地球物理学报，2009，52(1)：289-296

［23］强建科，阮百尧，周俊杰.三维坑道直流聚焦法超前探测的电极组合研究［J］.地球物理学报，2010，53(3)：695-699

［24］阮百尧，邓小康，刘海飞，等.坑道直流电阻率超前聚焦探测的影响因素及最佳观测方式 ［J］.地球物理学进展，2010，25(4)：1380-1386

［25］张力，阮百尧，吕玉增，等.坑道全空间直流聚焦超前探测模拟研究［J］.地球物理学报，2011，54(4)：1130-1139

［26］Scriba H. Computation of the electrical potential in three-dimensional structures［J］. Geophysical Prospecting，1981，29(5)：790-802

［27］吴小平，徐果明，李时灿.利用不完全 Cholesky 共轭梯度法求解点源三维电场［J］.地球物理学报，1998，41(6)：848-855

［28］邓正栋，关洪军，万乐，等.稳定点电流场三维有限差分正演模拟［J］.解放军理工大学学报，2000，1(3)：45-50

［29］Spitzer K. A 3-D finite-difference algorithm for DC resistivity modeling using conjugate-gradient methods［J］. Geophys. J. Int.，1995，123(3)：903-914

［30］Honmann G W. Three dimensional induced polarization and electromagnetic modeling［J］. Geophysics，1975，40(2)：309-324

［31］徐世浙，倪逸.复杂地电条件下点源三维电阻率模拟的新方法［J］.物探化探计算技术，1991，13(1)：13-20

［32］Zhou B，Greenhalgh S A. Finite element three-dimensional direct current resistivity modelling：

accuracy and efficiency considerations[J]. Geophys. J. Int. , 2001, 145: 679-688

[33] Rucker C, Gunther T, Spitzer K. Three-dimensional modelling and inversion of dc resistivity data incorporating topography-I. Modelling[J]. Geophys. J. Int. , 2006, 166: 495-505

[34] 阮百尧, 熊彬. 电导率连续变化的三维电阻率测深有限元模拟[J]. 地球物理学报, 2002, 45(1): 131-138

[35] 吕玉增, 阮百尧. 复杂地形条件下四面体剖分电阻率三维有限元数值模拟[J]. 地球物理学进展, 2006, 21(4): 1302-1308

[36] Li Y, Oldenburg D W. Inversion of 3-D DC resistivity data using an approximate inverse mapping[J]. Geophys. J. Int. , 1994, 116: 527-537

[37] Zhang J, Mackie R L, Madden T R. 3-D resistivity forward modeling and inversion using conjugate gradients[J]. Geophysics, 1995, 60(5): 1313-1325

[38] 吴小平. 非平坦地形条件下电阻率三维反演[J]. 地球物理学报, 2005, 48 (4): 932-936

[39] 底青云, 王妙月. 积分法三维电阻率成像[J]. 地球物理学报, 2001, 44(6): 843-851

[40] Sasaki Y. 3-D Resistivity inversion using finite-element method[J]. Geophysics, 1994, 59 (11): 1839-1848

[41] 黄俊革, 阮百尧, 鲍光淑. 基于有限单元法的三维地电断面电阻率反演[J]. 中南大学学报, 2004, 35(2): 295-299

[42] 屈有恒, 张贵宾, 赵连锋, 等. 井地有限线源三维电阻率反演研究[J]. 地球物理学进展, 2007, 22(5): 1393-1402

[43] 柯敢攀, 黄清华. 井地电法的三维正反演研究[J]. 北京大学学报(自然科学版), 2009, 45(2): 264-272.

[44] 吕玉增. 地-井、井-地 IP 三维快速正反演研究[J]. 长沙: 中南大学, 2008

[45] ZhouB, Greenhalgh S A. Rapid 2-D/3-D crosshole resistivity imaging using the analytic sensitivity function[J]. Geophysics, 2002, 67(2): 755-765

[46] Wilkinson P B, Chambers J E, et al. Extreme sensitivity of crosshole electrical resistivity tomography measurements to geometric errors[J]. Geophys. J. Int. , 2008, 173: 49-62

[47] Chambers J E, Wilkinson P B, et al. Mineshaft imaging using surface and crosshole 3D electrical resistivity tomography: A case history from the East Pennine Coalfield[J]. UK. Journal of Applied Geophysics, 2007, 62(4): 324-337

[48] Pelton W H, Ward S H, Hallof P G, et al. Mineral discrimination and removal of inductive coupling with multi-frequency IP[J]. Geophysics, 1978, 43(3): 588-609

[49] 何继善, 李大庆, 汤井田. 频谱激电非线性效应的理论模型[J]. 地球物理学报, 1995, 38(5): 662-669

[50] Luo Y Z, Zhang G Q. Theory and Application of Spectral Induced Polarization[M]. Tulsa: Society of Exploration Geophysicists, 1998

[51] Carlos A D. Developments in a model to describe low-frequency electrical polarization of rocks [J]. Geophysics, 2000, 65(3): 722-734

[52] 肖占山, 徐世浙, 罗延钟, 等. 复电阻率测井的数值模拟研究[J]. 石油地球物理勘探,

2007，42(3)：343-347

[53] 蔡军涛，阮百尧，赵国泽，等.复电阻率法二维有限元数值模拟[J].地球物理学报，2007，50(6)：1869-1876

[54] 陈序三，赵文杰，朱留方.复电阻率测井方法及其应用[J].测井技术，2001，25(5)：327-331

[55] Vanhala H. Mapping oil-contanminated sand and till with the spectral induced polarization (SIP) method[J]. Geophysical Prospecting，1997，45：303-326

[56] 张伟杰，郝明锐，杜毅博，等.基于双频激电法的煤矿巷道超前探测新技术初探[J].煤炭科学技术，2010，38(3)：73-75

[57] Y. Saad. Iterative Methods for Sparse Linear Systems[M]. PWS Publishing，Boston，MA，1996

图书在版编目(CIP)数据

巷道激发极化法超前探测技术及正反演研究／吕玉增，韦柳椰，王洪华著. —长沙：中南大学出版社，2022.11

ISBN 978-7-5487-5214-1

Ⅰ. ①巷… Ⅱ. ①吕… ②韦… ③王… Ⅲ. ①巷道掘进－激发极化法－研究 Ⅳ. ①TD263.3

中国版本图书馆 CIP 数据核字(2022)第 227973 号

巷道激发极化法超前探测技术及正反演研究
XIANGDAO JIFA JIHUA FA CHAOQIAN TANCE JISHU JI ZHENGFANYAN YANJIU

吕玉增　韦柳椰　王洪华　著

□出 版 人	吴湘华
□责任编辑	胡 炜
□责任印制	李月腾
□出版发行	中南大学出版社
	社址：长沙市麓山南路　　　　邮编：410083
	发行科电话：0731-88876770　　传真：0731-88710482
□印　　装	湖南省众鑫印务有限公司

□开　　本	710 mm×1000 mm 1/16　　□印张 6.75　　□字数 131 千字
□互联网+图书	二维码内容　图片 23 张
□版　　次	2022 年 11 月第 1 版　　□印次 2022 年 11 月第 1 次印刷
□书　　号	ISBN 978-7-5487-5214-1
□定　　价	68.00 元

图书出现印装问题，请与经销商调换